항상 꿈을 꾸게나 꿈은 공짜라네

전주에서 시작된
문화의 불꽃

항상
꿈을 꾸게나
꿈은 공짜라네

신정일 외 지음

상상출판

차 례

제2부 _ 전주에서 문화운동의 씨앗을 뿌리다

차 례

제3부 _ 우리 땅 걷기로 새롭게 탄생하다

제4부 _ 걷기의 지평을 열어젖힌 우리 땅 걷기

프롤로그

항상 꿈을 꾸게나,
꿈은 공짜라네!

몇 년 전, 한국문화콘텐츠진흥원에서 강의 요청이 왔다. 부여에서 개최하는 전국 행사에 주제 발표를 해달라는 것이었다. 부여에 도착한 뒤 휴식 시간에 여러 사람을 만났다. 그중 한 사람이 대한민국에서 이름난 문화 콘텐츠를 개발한 '아무개' 씨였다. 그는 부분 발제를 하기 위해 왔던 것이다.

전국 각 지역에서 온 300여 명의 청중 앞에서 강연을 시작하기 전에, 강연장 맨 앞줄에 앉은 원장에게 물었다.

"원장님! 2×2가 얼마지요?"

"예, 4입니다."

"'아무개' 선생님은 2×2가 얼마지요?"

"예, 저도 4라고 알고 있습니다."

내가 듣고자 했던 답은 그게 아니었다. 나는 마음속으로 새로운 문화를 총괄적으로 지휘하는 한국문화콘텐츠진흥원장이고, 이름난 콘텐츠를 개발한 창조자이기 때문에 그와는 다른 대답이 나올 줄 알았다.

"과연 그럴까요?" 하면서 나는 김수영 시인이 쓴 산문 〈불온성(不穩性)에 대한 비과학적인 억측〉의 한 구절을 들려주었다.

“모든 살아 있는 문화는 본질적으로 불온한 것이다. 그것은 두말할 것도 없이 문화의 본질이 꿈을 추구하는 것이고, 불가능을 추구하는 것이기 때문이다.”

김수영 시인은 불온성이야말로 예술과 문화의 원동력이 되는 것이고, 인류의 문화사와 예술사가 바로 이 불온의 수난 역사 속에서 이루어졌다고 본 것이다.

김수영 시인의 산문만이 아니라 도스토옙스키의 《지하 생활자의 수기》에도 그와 비슷한 글이 실려 있다.

“하나님, 자연법칙이나 산술법칙이 내게 무슨 중요성이 있다는 말입니까? 무슨 이유에서건 자연의 법칙들이나 둘 곱하기 둘은 넷이라는 산술법칙을 나는 인정할 수가 없습니다. 물론 나는 이 벽을 내 이마로 깨부수지는 못합니다. 그렇지만 나는 이 벽이 단단한 돌벽이라고 해서, 그리고 내게 그 벽을 깨부술 수 없다고 해서 절대 포기하지는 않겠습니다.

(…) 모든 일이 도표들과 수학에 따라 진행되고 2×2는 4라는 것만이 주위에 있을 때, 인간 자신의 의지라는 것은 대체 어떤 종류의 의지가 되겠습니까? 그런데 세상에서는 내 의지와 관계없이 2×2는 4라고 하고 나 자신의 의지는 이와 같은 것이 될 것입니다! (…) 둘 곱하기 둘은 넷, 이런 공식은 더 이상 삶이 아니다. 차라리 이것은 죽음의 시작입니다.”

나는 두 사람의 예를 들고서 다음과 같이 말했다.

“소설의 주인공이 말했던 것처럼 수학에서 2×2가 4만 되는 것이 아니고, 6도 되고 8도 되고, 아니면 100도 되고, 1000도 될 수 있는데 꼭 4만 되어야 한다는 사실을 왜 우리는 의심하지 않는 것일까요? 삶 그 자체가 무한한 가능성인데, 그 가능성을 한정 짓고 살아가는 상황에서 어떤 새로운 창조물이 만들어질 수 있을까요?

새로운 문화 창조는 지금의 것에 만족하지 않고, 어딘가에 있을 그 무엇, 어쩌면 있는지 없는지조차 모르는 신기루 같은 그 '무엇'에 대해 '물음표', 즉 의문을 제기하는 것에서부터 비롯되는 것이 아닐까요?

'창조란 불행한 것들 사이로 자신의 길을 금 그어 나간다.' 프랑스 철학자인 들뢰즈의 말입니다. 창조한다는 것은 어쩌면 가서는 돌아오지 못할, 죽을지도 모르는 그런 낯선 곳이나 위험으로 들어갔을 때, 그 실체를 만날 수 있는 것이 아닐까요?

황동규 시인의 시구에도 있지요. '우리는 뚫어놓은 길만 다니는 자들이다.' 남이 먼저 간 길을 따라가면 1등이 아니고 2등이지요. 창조가 아니라는 것이지요. 그래서 나는 항상 불온함을 꿈꾸고, 그런 꿈을 꾸는 사람을 좋아합니다. 밀폐된 공간 속에서는 상상조차 할 수 없는 꿈의 씨앗, 즉 창조의 씨앗을 만날 수 있는 곳이 바로 '길'이기 때문입니다."

내 말이 끝나자 아무개 씨가 나에게 큰 소리로 말했다.

"앞으로는 절대 4라고 말하지 않겠습니다."

그렇다. 문화의 본질은 불온한 것이다. '종은 상전보다 높지 못하다는 말이나 제자는 스승보다 높지 못하다'라는 말은 달리 말하면 과학의 진보나 우리가 흔히 말하는 청출어람(靑出於藍)을 부정하는 것이나 다름없는 것이다. 현실에 안주하지 않고, 새로운 것을 향해서 움직여야 새로운 문화를 만들어낼 수 있다는 말이다.

이 책은 1985년 엄혹한 5공화국 시대에 전주라는 도시에서 어설프게 결성했던 황토현문화연구회에서 황토현문화연구소로 이름을 바꾸고 운영진이 보강되었었다. 이후에는 사단법인 '우리 땅 걷기'로 전이해가며 40여 년간 실천했던 문화운동을 정리한 결과물이다. 번듯한 사무실도 없고, 활동가들이 월급 한 번 받지 않고, 실천했던 여러 형태의 문화운동사를 펼쳐 놓으니, 잘 차린

밥상이 됐다.

40여 년의 세월 속에 함께했던 모든 분에게 더할 수 없는 감사의 마음을 전한다. 길이 끝나는 곳에서 새로운 길이 시작된다. 내일, 그 내일에는 또 다른 길이 펼쳐질 것이다.

2022년 11월 30일

제1부

황토현문화연구소 20년

01

제5공화국인 1985년 겨울, 엄혹했던 시대에 시작한 문화운동

● 신정일(황토현문화연구소 소장, 문화재청 문화재위원, 문화사학자, 사단법인 우리 땅 걷기 이사장)

1980년 5월 광주민중항쟁이 일어났고, 그때 나는 제주도에서 노동하고 있었다. 많은 번민의 시간 속에서 제주생활을 청산할 때가 그때라는 것을 알았다. 그해 10월 제주에서의 생활을 청산하고 익산에 터를 잡고 작은 사업을 시작했다. 하지만 금세 실패하고 말았다. 경험 부족이었다. 전주시 덕진동에서 '이어도'라는 시식 코너를 시작했다. 하지만 운명의 여신이 시기와 질투를 해서 그랬는지 내 운명이 뒤틀려서 그랬는지는 몰라도 간첩 혐의를 받아 안기부에 끌려가 모진 고문을 받다가 풀려났다.

인생이란 실패를 통해 새로운 길을 찾을 수 있다는 말이 통했는지, 얼결에 시작한 다방은 놀랄 만큼 잘됐다. 하지만 우여곡절 끝에 실패를 거듭하고 말았다. 새로운 돌파구를 찾지 않으면 안 될 절박한 시점에 서 있었고 어떻게 하면 내 인생을 변화시키면서 세상을 변화시킬 것인가 하는 고민 끝에 생각한 것이 새로운 문화운동이었다. 그때 섬광처럼 떠올랐던 글이 이청준의 장편소설《당신들의 천국》에 실린 글이었다.

내 말은 결국 같은 운명을 삶으로 하여 서로의 믿음을 구하고
그 믿음 속에서 자유나 사랑으로 어떤 일을 행해 나가고 있다 해도
그 믿음이나 공동 운명 의식은 그리고 그 자유나 사랑은
어떤 실천적인 힘의 질서 속에 자리 잡고 설 때라야
비로소 제값을 찾아 지니고, 그 값을 실천해 나갈 수 있다는 이야깁
니다.

조선 중기 산청에서 실천 유학을 가르쳤던 남명 조식 선생도 말했지 않은가? "배운 것을 실천하지 않으면 안 배움만 못하고 오히려 죄악이 된다." 책에서만 배운 것을 이 땅에서 천천히 시작해보자. 우선 '당신들의 천국' 출입구에 막내동생 신형교가 글씨를 써서 이달의 시(詩)를 게시하기 시작했다.

암울했던 시대 상황에 맞물려서 그랬는지는 몰라도 그 시 한 편에도 사람들은 감격해했다. 범위를 넓혀서 전북대학교 서도회의 도움을 받아 '당신들의 천국'의 너른 벽면과 천장을 온통 시로 도배를 했다. 천장 한가운데는 신동엽 시인의 대하 서사시 《금강》의 도입부가 자리 잡았다. "누가 하늘을 보았다 하는가, 구름 한 점 없이 맑은 하늘을 보았다 하는가?" 그것은 맑은 하늘을 갈망하는 염원이었고, 밝은 세상을 염원하는 뜨거운 희망이었다. 그때 합류한 사람이 국어과의 김판용, 신형교, 김송영 등이었고 국문과의 이정관, 김성식이었다.

국어교육과와 국문과 연합 동아리의 이름으로 새로운 문화운동을 시작하기로 했고 그들과 더불어 '당신들의 천국'에서 조촐한 '시 낭송회와 민중노래 발표회'를 열었다. 이어 '민요 발표회' 등 일련의 문화행사를 갖기 시작하면서 '시인과 만남'을 열기로 했다.

그 첫 번째 시인이 김용택 시인이었다. 그때 김용택 시인은 창작과비평에서 《섬진강》이라는 시집을 내어 사람들에게 알려지던 중이었다. 김판용과 함

1992년 11월 최창조 교수와 함께 계룡산 풍수지리기행

남한강변의 폐사지를 찾아서

께 김용택 시인의 고향인 임실군 덕치면 진메마을에 가서 찾아온 취지를 말했다. 마치 고향의 친형님같이 소박한 김용택 시인과의 대화가 3월 중순에 열렸다. 그때 그 상황을 김용택 시인은 황토현문화연구소 20주년 행사에서 다음과 같이 술회했다.

> 내가 처음으로 전주의 대중 앞에 나타난 것은 전북대학 구(舊)정문 앞에 있는 '느티'라는 카페였다. 나는 그때 처음 강연이라는 것을 하게 됐다. 술도 팔고 밥도 파는 그 카페 이름은 '느티'였다. 작지만은 않은 카페였는데, 사람들이 발 디딜 틈이 없이 꽉 차 있었다. 그때 나는 처음으로 사람들 앞에 섰다. 무슨 말을 했는지 모르겠다. 촌놈이 알면 무엇을 얼마나 알겠는가? 아마 말도 안 되는 말을 생각나는 대로 지껄였을 것이다. 그 무렵 돌아다니며 했을 내 말과 행동을 생각하면 지금도 얼굴이 붉어져온다. 얼마나 촌스러웠을까? 얼마나 세련되지 못한 억지를 부리고, 얼마나 철없이 까불었을까. 그날 정도상이라는 학생이 일어나서 질문한 기억이 난다. 무슨 내용이었는지는 모르지만 말이다. 아마 그때가 민주화 열기가 고조될 때였기 때문에 민주화와 통일 문제를 들고 나왔을 것이다. 나에게는 조금 벅차고 논리적으로 어려운 질문이었다는 느낌은 지금도 야릇하게 남아 있다. 이 사람이 나중에 소설을 쓴 정도상이었다. 지금도 만나면 그때 이야기를 하면서 나는 도상이더러 '나쁜 자식'이라고 농을 한다. 아무튼 나는 그 느티에서 세상으로 '데뷔'한 셈이었다. 커다란 느티나무가 있는 그 카페 주인이 신정일이었다.

시인과의 대화를 진행하면서 노래패와 민요패를 섭외하여 우리 민족의 멋의 하나인 민요 부르기와 시 낭송회 그리고 풍물굿을 선보였다.

제2회 시인과의 대화는 〈서울로 가는 전봉준〉을 가지고 신춘문예를 통과하여 문명을 떨치고 있던 안도현 시인을 초청했고, 세 번째가 《나는 조국으로 가야겠다》라는 시집을 낸 백학기 시인을 초청했다. 우석대학교의 정양 시인에 이어서 다섯 번째가 광주의 김준태 시인이었다. 광주민중항쟁을 다룬 시 〈아아, 광주여 이 나라의 십자가여〉를 쓴 김준태 시인의 근무처가 영암군 신북면의 신북중학교였다.

그날 김준태 시인의 시인과의 대화에는 좌석은 물론이지만 복도까지 가득히 사람들이 들어찼다. 어설프게 시작한 문화운동이 단초를 마련하게 된 것이었다. 그때 새롭게 합류한 학생들이 권희숙, 조희숙, 손효순, 이상은, 허숙희, 이숙희, 치과대학의 최성기, 교대의 최효옥, 김정희, 조성자 등이었다.

그렇게 성공적이라고 자평은 했지만, 카페로서는 아무런 이득이 없었다. 당시 입장료로 커피 값 500원을 받았지만, 돈을 내고 오는 사람은 절반도 되지 않았다. 공연 팀이라고 돈을 내지 않았고, 대개는 후문으로 들어왔다. 오히려 파는 커피보다 공짜로 주는 커피가 더 많았기 때문에 카페의 수입으로는 연결되지 않았다.

그 무렵 느티다방에서 공짜 커피, 공짜 술 안 먹은 사람, 그렇게 많지 않을 것이다. 그런데 외상 커피나 외상술을 마시고 학생증이나 주민등록증을 맡게 되면 더 큰 문제가 생겼다. 애인을 만나거나 친구를 만나게 되면 정작 다른 술집이나 커피숍으로 가는 것이 정례였기 때문이다, 외상 주어서 돈 못 받아서 손해, 다른 집으로 손님 빼앗겨서 손해, 그게 바로 그 당시 느티다방이 직면한 현실이었다.

시인을 초대하면 장사를 못 하는 것은 둘째로 치고 물론 조금 밖에 못 드렸지만, 여비와 술과 밥값이 만만치가 않았다. 과감하게 문화운동을 시작은 했으나 그런 여러 가지 이유로 우리 식구의 밥줄이던 카페는 매달 적자였다. 하지만 이왕 벌인 일을 그만둘 수는 없었다. 그러나 시인과의 대화로만 프로그램을 한정하는 것은 절반의 성공일 뿐이었다.

어떻게 새로운 프로그램을 만들까 고민하다가 서로 의견의 일치를 본 것이 여름 휴가철에 '여름시인 캠프'를 열기로 했다. 당시 황금찬 시인을 비롯한 순수문학을 하시는 분들이 운영하는 문학 모임으로 '해변 시인학교'가 있을 뿐이었고, 다른 유사한 문학 캠프는 전무했다.

신경림, 김준태, 김용택, 도종환, 안도현, 정희성, 김남주를 비롯해 수많은 시인과 문학도가 모여 이루어낸 여름시인캠프를 마감하고, 1989년에는 동학농민혁명의 진원지인 황토현에서 '갑오농민의 혼이여, 타올라라, 통일의 불길로'라는 주제로 김남주 시인을 초청하여 여름문화마당을 열었다. 그때부터 진정한 전주에서의 문화운동이 제대로 불을 지피기 시작했다.

1991년 제6회 여름문화마당에서 김하기 작가와 함께

02

집중 분석, 황토현문화연구소 기쁨과 슬픔의 20년

● 신정일(황토현문화연구소 소장)

"나는 늘 홀로였다. 승리는 늘 남의 것이고 남는 패배는 늘 내 것이었다." 조태일 시인의 연작시 〈국토〉의 한 구절처럼 그랬다. 글은 한 줄도 쓰이지 않았고, 원고지는 늘 나를 배반하기만 했고, 나는 한 번도 이겨본 적이 없어 패배의 쓰라림만 가슴 가득 안고서 주변을 맴돌기만 했다.

내가 할 수 있는 것은 오로지 밤을 새워가면서 레퀴엠(장송곡)을 듣거나 이리저리 쏘다니며 더운 가슴을 식히기만 할 따름이었다. 정말 그때는 그랬다. 아무것도 되지 않았던 시절 나는 다른 돌파구를 찾지 않으면 안 될 절박한 시점에 있었고 그때 만난 사람이 전북대학 국어교육과에 다니던 김판용이었다. 우선 '당신들의 천국'의 그 너른 벽면과 천장을 온통 시로 도배를 했고 천장 가운데에는 신동엽 시인의 《금강》이 자리 잡았다. 그때 합류한 사람이 국문과의 이정관, 김성식 그리고 국어과의 신형교, 김송영 등이었고 그들과 더불어 우리 민족의 멋 가운데 하나인 민요 부르기와 시 낭송회를 시작했다.

"혁명은 안 되고 방만 바꾸어버렸다"라는 김수영 시인의 글처럼 과감하게 시작은 했지만, 그때까지 우리 식구의 밥줄이던 카페는 매달이 적자였다. 도저히 이어갈 수가 없어서 카페를 동생에게 맡기고 아내가 교사로 나갔다. 우리 식구는 부안의 한 학교 사택으로 들어갔고, 작은 방에서 아들 둘에 어머니까지 다섯 사람의 생활이 시작됐다. 아내가 주는 2000원의 차비로는 점심 값이 해결되지 않아서 동생의 학생증을 하나 얻어서 부안에서 전주까지 하루 720원의 차비를 써가며 준비했던 것이 여름 시인캠프였다. 그러나 그렇게 심혈을 기울여 행사를 마치고 돌아오는 차 속에서 생각하다 보면 얼마나 다짐하고 또 다짐했던가. 하지만 다시 겨울이 가고 봄이 오면 그래도 해봐야지 하면서 이어온 그것이 어느덧 스무 해를 넘겼고, 우리 땅 구석구석을 돌아다닌 남녘기행이 158회를 맞았다. 그 뒤로도 또 얼마나 많은 일을 벌이고 해 나갔던가. 그렇게 지나간 세월을 되돌아보니 만감이 교차한다. 하지만 무엇보다 애정을 가지고 성실하게 황토현문화연구소를 지켜온 회원들 대다수가 우리 사회에 한 구성원으로서 제 몫을 하고 있다는 것이 무엇보다 감사할 따름이다.

누군가는 나에게 이렇게 말했다. "황토현문화연구소에 적극적이었던 사람들은 대부분 출세했다." 그 말을 들으며, '아직은 그런 말을 들을 만큼은 아닌데' 하면서도 얼마나 가슴이 뿌듯하면서도 가슴 한 귀퉁이가 시렸던지. 어려운 임의 단체라 반반한 사무실 하나 갖지 못하고, 그러다 보니 '황토현문화연구소'라는 간판 하나 달지 못했으며, 남들 다 내는 기관지 하나 내지 못하며 보낸 세월, 그러므로 처음으로 책을 한 권 만들어보자고 묵은 사진첩과 스크랩북을 들춰보는 마음은 설렘과 씁쓸함이 반반이었던 듯싶다. 그뿐만이 아니었다. 남들 다 가는 노래방은커녕 나이트클럽 한번 가지 못하고 보낸 세월, 그래서 더 진한 그리움이 남아 지금도 세월을 반추하고 가끔 소식을 전해오는지도 모른다.

"생활은 언제나 슬프고 괴로운 것, 모든 것은 일순간에 지나가고 지나간 것은 다시 그리워지는 것이니"라는 푸시킨의 시 구절처럼 지나간 그 시절이 아름답게 채색되어 내 앞에 놓여 있는 것은 그만큼 세월이 흘러버린 탓이리라. 그러나 그 시절이 하나도 버리기 아까울 만큼 소중하게 여겨지는 것은 그만큼 우리 삶이 절실했던 연유일 것이다.

하지만 우리가 모토로 삼았던 '참 문화가 참 세상을 만든다'는 그 세상은 아직도 오지 않았고 가야 할 길은 멀기만 한데 20년의 세월이 훌쩍 지나갔고 다시 우리는 출발점 위에 섰다. 무엇을 할 것인가 모르기 때문에 가슴이 설레고, 어떤 길인가 모르는 길이라서 더 가고 싶은 길, 그 길 위에서 황문연과 보낸 20년이 왜 이리 슬프고도 기쁜 것인지.

제3회 여름문화마당 변산에서 신경림

03

황토현문화연구소를 말하다: 올곧은 우리 문화 세우기

● 김판용(시인, 황문연 연구원)

〈영욕의 시인〉이란 제목으로 한 시대를 풍미했던 시인의 일대기를 다룬 다큐멘터리가 있었다. 영욕은 야누스와 같다. 인간에게 내재해 있는 욕망과 그 욕망을 향한 몸짓이 결국 영욕으로 귀결이 된다. 사실 자기의 목표를 실현하고도 욕되지 않아야 진정 성공이라고 할 수 있다. 그리고 그때에야 그 사람의 목표가 '욕망'이라는 '희망'이 있었다는 것을 알게 될 것이다.

'참 문화 참 세상'을 꿈꾸며 이 땅에 황토현문화연구소(황문연)라는 간판을 내건 지 벌써 20년이 지났다. 생각해보면 아스라한 시간이었다. 그동안에 정권도 몇 번 바뀌었다. 5공에서, 6공으로, 그리고 문민정부에서 국민의 정부를 거쳐 참여정부까지 대통령이 무려 다섯 명이나 바뀌었다. 그러나 황문연이 출범하던 시기에 우리나라 대통령이 바뀌리라는 예상은 쉽게 할 수 없었다.

전북대학교 앞에 '느티'라는 다방이 있었다. 지하 계단을 들어서 문을 열면 중앙에 커다란 느티나무가 버티고 있었다. 물론 잘린 채로 다듬어져 니스까지 뒤집어쓴 나무였지만 사람들의 뇌리에 강한 인상을 주고 남을 만큼 장중을 압도했다. 그곳은 영화 〈글루미 선데이〉를 방불케 하는 묘한 분위기가 있었는데, 그건 다름 아닌 시대의 얼굴과 같은 것이었다.

그 자리에는 느티다방의 시장이자 좌장 격인 신정일이 있었고, 그리고 당시 민요를 공부하던 문학가 김성식이 있었고, 또 글을 쓰며 소일을 하던 이정관이 있었다. 그리고 군에 갔다 와서 복학을 한 필자와 신형교가 있었다. 그들은 모두 개성이 강했고 또 누가 알아주지 않았지만, 자존심이 강한 사람들이었다.

신정일은 언제나 우수에 젖어 있었으며 전혀 현실적이지 않은 아이디어를 실현하기 위해 고뇌하던 사람이었다. 당시 운동권 학생 중에 그의 신세를 지지 않은 사람이 없을 정도로 오지랖도 넓었다. 당시 내성적이어서 만만하게 그를 보았던 사람들도 괄괄한 운동권 학생들이 그 앞에서 머리를 조아리는 걸 보면 마음을 바꾸지 않을 수 없었다.

김성식은 당시의 만담가였다. 그는 좋은 머리와 자신의 식견으로 세상을 읽으며, 어떤 사실을 풍자해내던 남다른 능력이 있어서 그 방향으로 나가도 성공할 거라는 평을 얻을 정도였다. 1980년대라는 시대 상황에 그만 한 입담과 에너지를 가진 사람은 없었다. 그와 모닥불을 피우고 앉아 웃어본 사람은 아직도 그 밤을 잊지 못할 것이다.

이정관은 바람 같은 사람이었다. 이런저런 이야기를 슬슬 던지면서도 문제의 핵심은 놓치지 않았다. 그가 가진 식견이나 철학만큼 시원한 글이 나오지 않는다고 안타까워할 정도였다. 그는 당시 다방 '느티'의 기획을 맡아서 눈부신 활약을 했다. 그리고 신형교과 김판용은 꿈꾸는 학생이었다. 학생이었지만 나이가 많아 김성식을 동생으로 삼고 이정관은 당당히 맞서서 의견을 제기하고 다투곤 했다.

그들은 그 어두운 '느티'에서 꿈을 꿨다. 누가 알아주지 않는 꿈, 모두가 돌을 들고 나가 정권 교체를 외치는 상황에서 '참 문화 참 세상'이라는 신기루를 좇는다는 평을 들으며, 그래서 회색분자라는 손가락질을 받으면서도 그들은 꿈을 꾸고 또 꾸고 있었다. 그들은 몽상가였다. 힘이 되지 않을 것 같던 글과 문화를 무기로 택한 그들이야말로 1980년대의 이단아와도 같았다.

그 다섯 명이 황토현문화연구소를 만들었다. 그리고 첫 행사가 김용택 시인을 초대한 시 낭송회였다. 도회에 대해, 아니 대중과 운동권 학생을 처음 대했던 김용택 시인에게 당시 문학도였던 소설가 정도상은 도발적인 질문으로 심기를 건드렸고 급기야 공개적인 싸움으로 번지는 해프닝도 있었다.

정양, 김준태, 안도현, 백학기 등 시인의 무대가 이어지면서 '느티'는 사실상 상업 공간의 기능을 하지 못했다. 이른바 문화 룸펜들의 보금자리로 성격이 변하면서 파는 커피보다 뺏기는 커피가 더 많아졌다. 필자가 마신 커피도 몇백 잔은 될 것이다. 당시 여기를 드나들며 공짜 커피를 축내던 사람들이 애인을 만나거나 귀한 사람을 만날 때는 정작 인근의 다른 커피숍에서 돈을 내고 마시곤 했으니 '느티'의 존재는 말이 아니었다.

시인을 초대하면 장사를 못 하고, 그들과 수많은 식솔에게 술과 밥을 사야 했으니 견디기 힘든 건 당연했다. 그 어려움 속에서 1985년 덕진동의 어느 여관에 모여 황토현문화연구회라는 단체를 만들었다. 회장은 당시 우리의 물주였던 좌장 신정일이었다. 지금 생각해보면 당시 그가 아니었다면 과연 그 어려운 일을 20년간 해올 수 있었을까 하는 생각이 든다.

간간이 이어지는 시 낭송회, 작가와의 대화를 통해 축적된 역량을 집적해 보자고 누군가 제의했고, 1986년 8월 6일부터 3박 4일 동안 임실군 관촌면에 있는 방수리에서 제1회 시인캠프를 열었다. (숙박 시설이 없어서 텐트를 쳤는데 이상한 사람들에게 텐트 하나당 2000원씩 주었던 기억이 난다.) 당시 박봉우 시인과 안도현이 참여했고, 전통 의식 재현으로 상여를 만들어 상례를 재현했다.

상여 틀을 빌리려고 마을에 갔는데, 분명 전날까지 빌려주겠다던 상여 틀을 경찰에서 빌려주지 말라고 했다며 이장은 거절했다. 그때 매우 격분했던 나를 말리며 신정일 회장이 돌아서던 기억이 생생하다. 결국 천막 지지대를 이용해 상여 틀을 만들고 소지를 붙인 백상여로 시대를 초상했다.

그게 얼마나 위험한 일이었는지 지금 생각하면 끔찍하다. 그만 못한 일로 잡혀가 험한 꼴을 당한 사람이 어디 한둘이었던가. 그 후 변산에서 두 번의 행사를 더한 '시인캠프'로 막을 내렸다. 우리를 회색분자라며 비방하던 사람들이 '캠프'라는 서구적인 행사명을 트집 잡고 나섰기 때문이다. 그래서 고민 끝에 성격을 바꿔 시인만이 아닌 문화 전반으로 확대하기로 한 것이다.

그렇게 출발한 것은 1989년 정읍의 황토현에서 있었던 제4회 '여름문화마당'이다. 그때의 주제가 '동학농민의 혼이여! 타올라라 통일의 불길로'였다. 주제에 맞게 남민전 사건으로 감옥에서 막 나온 김남주 시인을 모셨다. 당시 그를 강연장에 앉히는 일 자체가 금기였다. 그 때문에 강연을 하다가 마이크를 끄고 육성으로 이야기하던 김남주 시인의 모습이 지금도 눈에 선하다.

그런 역정은 내장산 추령과 금강 그리고 고창의 문수사, 관동팔경 등으로 이어지면서 오늘날까지 여름문화마당이라는 이름을 내걸고 사람들과 하나가 되는 여름 축제를 벌이고 있다. 비록 과거보다 사람들이 많이 모이지 않고, 모이는 사람들 역시 텐트나 학교 교실에서 막잠을 잘 엄두를 내지 않지만 바른 문화로 자신의 삶을 충실히 하려는 의지는 지금이나 그때나 같은 것 같다.

여름문화마당을 계기로 또 하나의 일을 벌였으니 그게 바로 '남녘기행'이다. 1989년 9월 이청준의 《당신들의 천국》과 윤정모의 《그리고 함성이 들렸다》 등을 읽고 소록도로 문학 기행을 떠났다. '숨겨진 진실의 섬'이라는 주제로 떠난 답사에 사람들이 몰렸는데, 그 당시 자유롭게 갈 수 없던 소록도라는 섬으로 향한다는 것 때문이었을 것이다. 조금은 설레고 두렵게 첫발을 내디딘 후 이런저런 행사를 합하면 200회를 훌쩍 넘긴 길이다.

그 과정에서 어느 길에서는 붉게 익은 사과를 사 먹기도 하고, 또 섬을 지나다가 할머니께서 따신 굴을 사서 초장도 찍었다. 시골 어느 간이역에서 고적하니 열차로 바꿔도 타고, 진달래가 아름다운 날에는 찹쌀가루를 반죽해 화전도 지졌다. 진도와 보성 등에서는 소리가 어우러졌고, 이런저런 산이며 절까지 안 다닌 곳이 없을 정도로 바빴다.

문학과 역사의 현장을 답사하는 남녘기행은 전국적으로 알려져 서울에서부터 제주도 강원도 부산에서까지 답사객들이 쇄도했다. 그뿐이 아니라 우리나라 4대강을 비롯해 삼남대로와 영남대로 등을 차로, 또는 발로 답사를 했고, 또 그런 기록을 바탕으로 신정일 소장은 책을 썼다. 황문연을 이끌어오면

1995년 분단의 고장 철원 휴전선에서

서 신정일 소장은 가업을 잃었다. 전북대학교 앞의 그 둥지가 어떤 사연이 깃들어 있는지 알기에 함께했던 사람들은 염치가 없었다. 미안하고 부끄럽고….

그러나 신정일 회장은 가업에 얽매이지 않았기에 미친 듯이 책을 쓸 수 있었고, 이제 가히 우리나라 제일의 문필가가 됐다. 그래서 이제야 농담도 던진다. 그때 안 망했으면 오늘날 이렇게 성공하지 못했을 거라고, 그러니 고마운 줄 알라고 제법 당당하게 말이다. 이 정도면 부끄럽지 않은 20년이 아닐까?

참 몇 가지 놓친 것이 있다. 전라세시풍속보존회를 만들어 사라져가는 전통 세시풍속을 도시 안에 재현해오고 있고, 눈요기로만 다니던 관광성 수학여행이나 소풍을 현장체험학습으로 만들어 전국화했으며, 김개남, 손화중, 정여립 등 역사적 인물을 재조명했다. 또 전주의 거리와 마을 이름을 바꾸는 공청회를 열었고, 전주를 비롯한 우리 지역의 문화를 브랜드화하는 노력을 기울였다.

생각해보면 황문연의 20주년은 훌쩍 지나갔다. 당시 20대 학생이던 필자가 벌써 교사를 거쳐 장학사가 됐고, 결혼하고 아이를 둘이나 두었고, 중학교 교장으로 정년퇴직을 한 60대가 됐다. 초창기 구성원들은 뿔뿔이 흩어졌고, 어떤 사람은 아스라한 추억으로 남아 있다.

추억은 무조건 아름다울 수도 있다. 그러나 우리의 시간은 20년이라는 어려웠던 시기를 헤쳐 나가면서 만났기에 이제 역사가 됐다. 황문연의 출납부엔 지금 손익이 없다. 빚도 없고 재산도 없는 단체다. 굳이 재산을 말하려고 하면 약간의 경험과 사람이다. 영욕이 욕심 때문에 생긴다면 황문연은 정체성을 잃지 않고 올곧은 문화를 만들기 위해, 아니 올곧은 문화를 누리기 위해 나갈 것이다. 그렇게 나갈 힘은 오로지 황문연을 사랑하는 사람들에게서 나온다. 그들이 진정한 황문연의 주인이고, 앞으로도 그럴 것이다.

04

파수꾼, 전주 황토현문화연구회

● 장세환(전 《한겨레》 기자, 전 국회의원)

무더위가 기승을 부리던 1992년 8월 1일 오후 4시 부안군 변산면 도청리 도청마을 앞 바닷가에서는 천재 무당이며 베스트셀러 《무당》의 작가이자 미니시리즈 무당의 주인공이던 정강우 씨가 이끄는 당골 무당 10여 명이 서해를 다스리는 용왕에게 바치는 용왕굿을 올렸다.

"서해의 넓은 바다 용왕님에게 인간이 아무리 잘난 체하여도 뿌랭기 없는 낭구로 무연 바다에다 띄워놓고 소설광풍 만나면은 어디다 의지하리까, 그저 믿나니 용왕님을 믿사옵고."

정강우 무당의 용왕신 달래는 넋두리가 갯바람을 타고 바다를 뒤덮을 때마다 피서객도 더위를 잊은 듯 굿판으로 빨려 들어갔다. 이날 굿판은 전주 황토현문화연구회(회장 신정일)에서 마련한 제4회 여름문화마당의 한 프로그램으로 용왕굿 기능보유자와 무당 16명이 우리의 전통문화를 재현하는 것이었음을 피서객은 뒤늦게 알았다.

황문연이 이런 여름문화마당 행사를 해온 것은 이번이 일곱 번째다. 해마다 여름철에 한 번씩 3박 4일 일정으로 갖는 이 행사는 처음 시작할 때인 1986년부터 세 번째까지는 순수한 문학 행사로 '여름시인캠프'라는 이름으로 열었으나 네 번째부터는 정치, 경제, 사회, 역사 등으로 주제를 넓혀왔다.

1989년 가을부터는 문학과 역사의 현장을 탐방하는 문학역사 기행을 시작했다. 1985년 12월 문학을 좋아하는 전북대학교 졸업생 다섯 명과 신정일 회장이 참여한 문학 동아리로 출발했던 황문연이 이런 행사를 펼치게 된 것은 문학과 역사를 올바로 이해하지 못하는 한 건강한 문화가 창조될 수 없다고 여겼기 때문이다.

삶 속에 건강한 문화를 심고 민족 역사를 바로 세우며, 신명 나게 살기 위해, 또 희망찬 변혁을 위해 해마다 행사를 열어온 것이다. 지난 1989년 동학농민혁명의 전적지인 정읍의 황토현에서 김남주 시인을 초대하여 '갑오농민의

전통상여놀이를 재현하다.

혼이여, 타올라라 통일의 불길로'라는 주제로 여름문화마당을 연 이후 1990년 '지리산 해방에 눈뜬 봉수대여', 1991년에는 임실군 섬진강변 천담초등학교에서 '청산이 소리쳐 부르거든', 1992년에는 신경림 시인과 정희성 시인을 초대하여 '땅이여, 생명이여'라는 주제 아래 여름문화마당을 열었다.

이와 함께 1989년 9월 이청준의《당신들의 천국》무대 소록도를 찾으면서 시작된 문학역사 기행은 4월까지 경남 남해 금산,《토지》의 무대인 하동 평사리, 다산 정약용의 유배지인 강진의 다산초당, 거창의 양민학살 현장, 화순의 운주사, 청원의 단재 신채호의 옛집 등 역사와 문학의 현장을 찾는 행사를 진행했다.

처음에는 학생들이 주로 참여하는 데 그쳤으나, 이제는 일반인의 참여 폭이 70퍼센트에 이를 정도로 커졌고, 참여 인원은 문화마당의 경우 150명에서 300여 명에 이르고, 문학역사 기행은 50명에서 240여 명이 되어서 지금까지 수천여 명이 참여한 것으로 추산된다. 해마다 펼쳐지는 여름문화마당의 프로그램은 대개 명사 초청 강연과 정세 분석, 농촌 문제와 경제, 사회, 언론 등에 관한 주제 토론, 유명 작가와의 대화, 전통문화 재현을 비롯한 문화행사, 동학농민혁명 전적지 순례 등으로 짜인다.

황문연은 이와 함께 동학농민혁명 역사를 바로 알기 위한 방법의 하나로 당시 동학의 지도자였으면서도 흔적이 거의 남지 않은 김개남 장군 추모비를 세우고, 정월 대보름, 3월 삼짇날의 화전놀이 등의 민속행사를 발굴해 재현할 계획을 세우고 있다.

신정일 회장은 "비록 지하에 네 평 남짓한 사무실에서 꿈을 꾸고 실천하고 있지만 대부분 교사인 회원 30여 명이 한 달에 두 번씩 모여 자료를 모으고, 사업 계획을 논의한다"라며 우리의 역사를 제대로 찾아내 조상의 참된 숨결을 느낄 때 가장 큰 보람을 느낀다고 말했다.

05

길의 단체, 길의 사람

● 이덕일(역사평론가, 한가람역사연구소 소장)

'길 위의 인문학 우리 땅 걷기'가 '황토현문화연구회'라는 단체로 태동한 것이 1985년이니 어언 40여 년을 헤아린다. 황토현문화연구회는 그 긴 세월 동안 우리나라 국토를 대상으로 수많은 문화운동을 펼쳤다. 그 문화운동에서 제일 주력했던 것은 그 단체의 이름과도 같은 우리나라 역사의 길을 찾는 것이었고, 그 중심에 신정일이라는 사람이 있었다.

길은 도(道)다. 도에 해당하는 정확한 영어는 없지만, 굳이 번역한다면 '로드(road)'보다는 '트루스(truth)'일 것이다. 노자의 《도덕경(道德經)》은 "도가도(道可道), 비상도(非常道)"라고 시작한다. 굳이 번역한다면 '도를 도라고 일컬으면 그 도는 참된 도가 아니다' 정도가 될 것이다. 여기서 도교가 나오는데, 중국의 유명 문인 임어당이 중국은 "밖에서는 유교지만 안에서는 도교"라고 했을 정도로 도교는 중국인의 심성을 지배했다. 현재도 중국에 가면 금색으로 칠한 도교 사원을 심심찮게 볼 수 있다. 문화대혁명의 여파에서도 살아남은 것이다.

우리 기록상으로는 《삼국사기(三國史記)》 〈고구려본기〉 '영류왕(榮留王) 7~8년조(624~625)'에 처음 도교를 들여왔다는 내용이 나오고, 《삼국유사》 권3 '보장봉노조'에도 도교를 들여온 이야기가 기록되어 있다. 도교는 고려 때도 융성해서 송나라 서긍의 《선화봉사고려도경》에 고려의 도교에 관한 여러 기록이 나온다. 그중 고려 '도사의 복장'은 재미있다.

> 도사의 복장은 우의(雨衣, 새 털로 짜서 만든 도가의 옷)을 사용하지 않고, 백포(白布)로 만든 갖옷에 조건(皁巾, 검정색 두건)과 사대(四大, 네 줄이 드리워진 의대)를 입는데 평민의 의복과 비교하면 다만 그 소매가 좀 넉넉할 따름이다.

그러나 도가 도교의 전매품은 아니다. 공자가 《논어》에서 "아침에 도를 들으면 저녁에 죽어도 좋다"라고 말했는데, 이때의 도란 인생의 깨달음을 뜻할 것이다. 유가에서 흔히 '성인의 도'라고 지칭하는 것은 이를 말한다. 목은 이색(李穡)의 《송월당기(送月堂記)》에 "비록 그 뜻이 세상을 버리고 멀리 서방 사람을 사모하는 데 있으나, 우리의 대도(大道)를 붙들어 세워서 자애하고 효도하는 기풍을 일으키고, 한 시골의 풍속을 선량하게 할 것을 가히 알 것이니, 송월당에 기가 없을 수 없다"라는 글이 있듯이 유가의 도와 불가 · 도가의 도가 꼭 대립하는 것은 아니었다. 이계전(李季甸)의 《책제(策題)》에서 "도의 대원(大源)은 하늘에서 나와 사람에게 갖추어져 있다. 이것을 행하면 제왕(帝王)의 치(治)가 되고, 이것을 밝히면 성현이 학(學)이 되니, 치와 학은 두 가지가 아니다"라고 말하듯이 동양의 정통 사상 속에서 모든 것은 융합된다.

고려의 원혜국통에게 드리는 제문에 "아, 대도(大道)가 성하거나 상하는 것은 철인(哲人)이 있고 없는 데 있는 것이로다. 생각건대, 우리 스승의 위대함이

영남대로 서울 나드리 마을의 가을 풍경

여, 여러 대 만에 인간 세상에 내려오셨도다"라고 썼듯 불가에서도 도는 깨달음을 뜻했다. 그러나 상촌 신흠은 '불가의 경의(經義)'에 관한 설에서 "대도가 훤히 밝아 마치 하늘에 해가 떠 있는 것과 같은데도 이러한 교리(教理)가 세상에 함께 유행하는 것은 무슨 이유인가?"라고 불교를 비판한 것처럼 조선의 유학자들이 유학만이 대도라고 주장하며 다른 사상을 탄압하면서 유가 자체가 도를 잃었다. 도, 곧 길은 만인이 다니는 것이지 어느 한 유파만 다니는 것은 아니기 때문이다. 어느 한 사상이나 생각만이 옳다고 주장하는 순간 도는 이미 멀리 떠나버린다.

조선 후기 남인 학자들은 천주교를 '대도'라고 표현했듯이 동양 사회에서 도는 곧 깨달음에 다가가는 과정이자 깨달음 그 자체를 뜻하는 것이다.

그리하여 신정일 선생 하면 생각나는 것이 길이다. 그는 길의 사람이다. 그에게 길은 학교이자 시장이었으며 노동이자 휴식이었다. 길은 신정일에게 인생 그 자체였다. 길 하나로 모든 것을 성취한 그가 어느 자리에선가 나를 '도반(道伴)'이라고 칭한 적이 있다. 신정일에게 어찌 나만 도반이겠는가. 이 세상 모든 사람이 그의 길 위에서 도반인 것이다. 그의 길에는 무엇보다 거짓이 없다. 정직하다. 초고속 시대에 두 다리로 한 발, 한 발 걷는 인생이 정직하지 않을리 있겠는가. 그 정직한 두 다리로 그는 세상을 만나고 자신을 만난다. 그리고 황토현이라는 역사의 고개(峴)를 넘으면서 우리 모두와 통하게 됐다. 그야말로 그와 세상 사이가 도통한 것이다.

그래서 신정일에게 여타의 다른 사람에게서 발견할 수 없는 것이 여러 가지가 있는데, 그중에 한 가지가 다음에 나오는 글이다.

> "박재가 되어버린 천재를 아시오?"라는 물음표로 시작되는 이상의 《날개》를 모르는 사람은 없으리라. 나는 인생을 반 이상 살면서 스스로 박재가 된 '천재'를 많이 만났다. 세칭 규격화된 교육을 충실히 받고 일류대를 우수한 성적으로 나와 남이 선망하는 직업을 가진 박재 '천재' 말이다. 그런 이들을 만날 때마다 나는 속으로 진정한 천재를 한번 만나봤으면 소원이 없겠다고 읊조리곤 했다. 그런 내가 사람들 앞에서 '진반 농반' '천재'라고 일컫는 유일한 인물이 바로 신정일 선생이다.
>
> 내 말이 의심스러운 사람은 그가 매일 새벽 띄우는 〈신정일이 건너가는 강〉을 읽어보라. 매일 새벽 동서고금을 자유롭게 넘나들며 펼치는 그의 사유는 그가 지닌 지식의 깊이를 보여준다. 자유롭고 광대한 사유의 세계는 역설적으로 그가 이른바 교육부의 혜택을 별로 받지 못했기에 가능했다고 나는 믿어 의심치 않는다. 세속어로 가방끈

이 길었으면 그 역시 그렇고 그런 유한계급의 '박재 천재'의 일원으로 공자의 말씀이나 토해내고 있을 것이다.

신정일 선생은 태어났을 때의 순수함을 그대로 간직하고 있는 드문 사람이다. 신정일 선생은 그런 순수함과 자유로움으로 고정관념을 벗어나 역사를 바라본다. 그의 자유는 순수함이 바탕이 됐기에 붕새(크기가 수천 리에 달하며, 한 번에 9만 리를 난다는 상상의 새)처럼 세상사의 잣대에 가볍게 구애받지 않는다는 뜻이다. 그런 순수의 눈과 순수한 마음으로 세상을 살았고, 그런 정신으로 펼친 문화운동이 세상에 많은 이정표를 남겼다.

우리 땅 걷기는 또 다른 길을 묵묵히 걸어갈 것이라 믿어 의심치 않는다.

안동기행에서 안도현 시인과 <몽실언니>의 작가 권정생 선생

06

먼발치로 본 황토현문화연구소와 신정일

● 조석필(산악인, 《태백산맥은 없다》 저자)

황토현문화연구소라는 단체가 있다. 전주라는 지방의 작은 도시에서 태동한 그 단체는 지역을 넘어 나라 안에서 가장 넓게 포괄적인 문화운동을 벌이는 단체고, 그 단체의 대표가 신정일이라는 사람이다.

나는 그가 하는 일을 잘 모른다. 오해하지 마라. 그의 업적으로 폄훼하기 위한 수사가 아니다. 내 말은 그가 무엇을 통해 밥벌이를 하는지 잘 모르겠다는 뜻이다. 《칼의 노래》를 썼던 김훈이 일찍이 설파하셨듯 '삶이란 돈과 밥으로서만 비로소 정당한 것'이며, '지나간 모든 끼니는 다가오는 한 끼니 앞에서 무효인 법'인데, 그가 하는 일의 어느 것도 끼니를 유효하게 하지 못하는 듯하니, 그가 하는 어떤 일도 얼핏 정당하게 보이지 않는다는 말이다.

나는 신정일이 황토현문화연구소 소장이라는 것을 안다. 스무 해 전부터 지금까지 그가 가진 대부분의 힘과 기교를 이 땅을 걸어 다니는 일에 썼다는 것도 안다. 그러므로 그를 '길 위의 사람'이라고 불러도 좋으리라. '재야 사학자' 혹은 '문화유산 답사가'라고 하는 사람이 없지 않지만, 본질에서 '신정일'

하면 나는 황토 먼지 가득한 길을 땀 뻘뻘 흘리며 걷고 있는 우직한 인간을 떠올린다.

대체 그가 하는 일 가운데 밥벌이의 수단은 뭔가? 대답하라. 열심히 걸으면 쌀이 되는가? 아니다. 답사팀을 조직해 회비를 추렴하면 밥을 살 수 있는가? 별로 그럴 것 같지 않다. 그렇다면 걸었던 이야기를 재료로 책을 쓰면 돈이 들어오는가? 짐작이지만, 오히려 돈을 쏟아붓지 않나 싶다.

그렇다면 왜 하는가? 나는 모른다. 이 대목에서부터 내 정보 외 상상력 밖의 영역이다. 예전에 우리도 등산할 때 "산에 가면 쌀이 나오냐, 밥이 나오냐" 하는 핀잔을 듣기도 했지만, 그것은 생계에 책임이 없던 시절의 취미 활동에 관한 얘기다. 모름지기 인간이 가계를 책임져야 하는 성인이 됐다면 가치 판단 기준을 달리할 필요가 있는데…. 가만, 혹시 그가 만석꾼 집안의 외동아들인지도 모를 일이다. 정말 그런가?

한국의 산 주제강연을 하는 조석필

어쨌거나 신정일은 이 땅의 강과 산을 바늘땀처럼 촘촘하게, 종횡으로 누비고 다녔다. 그 속에 들어앉은 문화 유적과 그 유적에 담긴 역사에 자신만의 돋보기를 들이대었고, 그것들을 모아 책으로 썼다. 기억이 맞는다면 처음 낸 책이 아마 《그 산들을 가다》일 것이다. 동학농민혁명의 자취를 더듬은 기록인데, 그건 나도 읽었다. 문제는 책이, 그 후로도 쉬지 않고 나왔다는 사실이다. 그의 걸음걸이처럼 지치지 않고 쏟아지는 책을 소화할 열정이 없었던 나는 이내 '신정일 따라잡기'를 포기할 수밖에 없었다. 그처럼 얻어먹기에도 지치는 분량의 방대한 작업을, 그는 두 발로 걸어 다니면서 요리해댔다.

나도 적잖이 산을 쏘다니긴 했지만, 신정일의 그것에 비하면 옆구리에 바람이 드나드는 것처럼 허전한 양이다. 게다가 그는 '가시는 걸음마다' 여정에 의미를 부여했다. 유적지 답사, 한강 1300리 대탐사, 나를 찾아가는 하루 산행, 산성 산행, 잊힌 혁명가들을 찾아서, 샛강 기행, 강 따라 함께하는 역사문화 기행…. 이 다양한 이름을 수렴하는 공통 언어는 무엇일까? 이 땅에 대한 지극한 사랑?

"가장 중요한 것은 길 위에 있다"라고 신정일이 말했다. 2005년 5월 '우리 땅 걷기 모임'을 발족하면서 내건 구호다. 무슨 뜻인가? 아참, 그에 앞서, 애초에 신정일은 왜 자신이 하고자 하는 일에 황토현이라는 이름을 갖다 붙인 건가?

'황토현'은 봄날을 연상시킨다. '황토' 하면 먼지가 떠오르는데, 그 먼지의 노란 이미지가 보리밭을 끌어오고, 그것이 햇살과 교차하면서 봄날이 겹쳐 들어온다. 그래서 황토현은 어지럽다. 동학혁명 때 농민군이 관군과 처음으로 싸워 대승을 거둔 곳이었다는 황토현에는 농군, 고향, 가난 그리고 저항의 그림이 얽힌다. 먼지가 풀풀 날리는 듯해서 어지럽고, 역사의 소용돌이 한복판에 서 있는 듯해서 어지러우며, 가난과 혁명이 교차해서 어지럽다.

다시 묻자. 신정일은 왜 황토현인가? 농군도 아닌 그가 어찌하여 지극 정

고창의 청보리밭에서 펼친 상여놀이

성으로 우리 땅을 갈고 닦는가? 왜 그는 가장 중요한 그것을 길 위에서 찾으려 하는가? 부디 본인에게 물어 달라. 먼발치에서 구경하는 구경꾼은 단순히 그에게서 볼 뿐이다. 개미처럼 근면하고, 그가 하는 일에 칡넝쿨처럼 나쁜 음모가 있으랴, 모두 이 사회에 복되는 일일 터. 예를 들어 그것이 단순히 역사를 향한 그리움이거나, 정체성 확보를 위한 외로움의 끝이거나, 혹은 그와 비슷한 것이라 하더라도.

07

20년 여정,
그 길에서 삶의 가치를 일구다

● 김은정(《전북일보》 정치부장)

어느 해 여름 황토현문화연구소 신정일 소장을 모악산 한편에 기대어 있는 김제시 금산면 청소리의 백운동마을에서 만난 적이 있다. 우리나라의 강길을 여러 해 따라 걷고 있는 신 소장과의 인터뷰를 위한 자리였다.

그에게 '왜 길을 따라 걷느냐'고 물었다. 그는 망설임 없이 대답했다. "길 위에 모든 것이 있기 때문이지요. 길은 늘 한 곳에 있으나 모든 사람에게 똑같은 것은 아닙니다."

황토현문화연구소가 20돌을 맞았다는 이야기를 듣고 떠오른 것은 바로 그 '길'이었다. 사실 걸어야 하는 세상의 모든 길은 곧게만 뻗어 있지 않다. 신 소장이 걷고 있는 강 길은 특히 그렇다. 더러는 바로 눈앞에 닿아 있는 길을 두고도 에둘러 수십 리를 돌아가야 하기도 하고, 직선으로 곧게 난 길 대신 구불구불 가파른 길을 따라 걸어야 한다.

신 소장은 그때 곧장 난 길보다 에둘러 돌아가는 길이 더 아름답고 소중한 세상을 보여준다고 말했다. 쉽고 빠른 길에 익숙해진 사람에게는 좀체 이해가

쉽지 않은 대목일 것이다.

황토현문화연구소가 걸어온 길을 다시 뒤돌아보게 된다. 1986년부터 2006년까지 20년 여정. '여름문학캠프'와 '여름문화마당', 숨겨진 역사의 그늘을 찾아 나섰던 '남녘기행'과 갑오년의 슬픈 역사를 바로 세우기 위한 다양한 역사운동, 사라져가는 민속의 복원과 창조적 계승을 위해 만들었던 '세시풍속보존회' 행사와 환경운동까지 황토현의 여정은 고단하고 강파른 행진이었다.

환경이 많이 달라졌으나 황토현이 기지개를 켰던 1980년대는 좌절 속에서 스스로 희망을 찾아야 하던 암울한 시대였다. 황토현이 걸어온 길에 놓여 있었을 숱한 고난을 짐작하는 일은 그리 어렵지 않다. 사실 뒤돌아보니 굽이굽이 절망과 갈등의 그림자도 짙게 드리워 있다. 그러나 질곡의 과정이 만들어 온 이 길, 그래서 더 넓고 환해 보인다.

청원군 낭성면 고두미마을 신채호 사당에서 도종환 시인과

이제 황토현문화연구소 20여 년의 강을 건넌다. 민주화의 진전이 이루어지고 불운한 민족사 속에서 금기시됐던 분단의 문제가 새로운 동료를 찾고 있는 지금, 황토현은 다시 새로운 길을 만들어 나가야 한다. 물론 그 길 또한 지금까지 그랬던 것처럼 만만할 리 없다. 지역의 참 문화를 꽃피운 황토현 앞에는 스스로 선택한 '삶의 문화와 역사의 참다움'을 향한 도도한 장정이 기다리고 있다.

전북대학교 앞 황토현의 아름다운 공간이었던 '당신들의 천국'으로 내려가던 비좁은 계단이 생각난다. 황토현의 아름다운 꿈을 실현하기 위해 모였던 '젊은 그대들'도 생각난다. 지금은 흩어져 있는 '젊은 그대들'을 소중한 장정에서 다시 만날 수 있으면 더 좋겠다.

08

처음으로 '여름시인학교' 강사가 되다

● 김용택(시인)

나는 시골에서 태어나 자라 시골에서 홀로 문학 공부를 한 사람이다. 극히 제한된 공간에서 제한된 사람을 만나며 살아왔다. 동네엔 친구가 없었고, 늘 작은 학교에서 근무했기 때문에 많은 사람을 겪어보지도 못했다. 내 주위에 문학을 하는 사람은 없었다. 문학을 이야기하며 지내지 못했다. 문단에 나가면서 전주를 자주 나다니게 됐고 문인들을 만났다. 아니, 내가 원해서 만난 것이 아니고, 사람들이 나를 찾았다. 문단에 나가면서 몇 명의 시인과 문화운동, 민주화운동을 하는 사람을 만나게 됐다. 문단에 나가고 낯선 사람을 만나고, 민주화운동의 일환인 문화행사를 하고 시위에 참여도 했지만, 그래도 그곳은 늘 나에게 낯선 곳이었다. 애초에 나는 그런 조직과는 너무 멀게 살아왔던 것이다. 나는 이미 시골 촌구석에서 홀로 사는 촌놈일 뿐이었다. 나는 많은 사람과 깊이 사귀지도 못했고, 사귄다고 해도 나는 그들과 한 살이 되기에는 이미 내 살이 너무 굳어 있었다.

그때나 저때나 지금이나 나는 세상을 너무 모르는 사람이다. 나는 늘 세상

여름문화마당에서 서지영, 김용택, 송만규

사람이 나 같다고 생각하며 살았다. 세상일을 생각하는데 어찌 사감을 품을 수가 있겠는가. 세상을 논하는데 어찌 사사로운 자기 이해관계를 끼워 넣을 수 있겠는가. 그러나 세상은 그렇지 않았다. 내가 겪어본 바에 따르면 공명정대하고 사심이 없이 세상일을 논하고 실행한 사람을 나는 그리 많이 보지 못했다. 일을 하다 보면 늘 꺼림칙했다. 알고 보면 다 제 밥그릇 챙겨 거기에 밥 퍼 담기 식이었고, 학연과 지연과 혈연이 알게 모르게 드러났다.

내가 처음으로 전주의 대중 앞에 나타난 것은 전북대학교 정문 앞에 있는 '느티'라는 카페였다. 작지만은 않은 카페였는데, 사람들이 발 디딜 틈 없이 꽉 찼다. 그때 나는 처음으로 사람들 앞에 섰다. 무슨 말을 했는지 모르겠다. 촌놈이 알면 무엇을 얼마나 알겠는가. 아마 말도 안 되는 말을 생각나는 대로 지껄였을 것이다. 그 무렵 돌아다니며 했을 내 말과 행동을 생각하면 지금도 얼굴이 붉어져온다. 얼마나 촌스러웠을까. 얼마나 세련되지 못한 억지를 부리고, 얼마나 철없이 까불었을까. 그날 정도상이라는 학생이 일어나서 질문한 기억이 난다. 무슨 내용이었는지는 모르지만 말이다. 아마 그때가 민주화 열기가 고조될 때였기 때문에 민주화와 통일 문제를 들고 나왔을 것이다. 나에게는 조금 벅차고 논리적으로 어려운 질문이었다는 느낌은 지금도 야릇하게 남아 있다. 이 사람이 나중에 소설을 쓴 정도상이다. 지금도 만나면 그때 이야기를 하면서 나는 도상더러 '나쁜 자식'이라고 농을 한다. 아무튼 나는 그 느티에서 세상으로 '데뷔'한 셈이었다.

커다란 느티나무가 있는 그 카페 주인이 신정일이었다. 민주화 열기가 한창일 때 그리고 신정일이 '황토현문화연구회'를 만들어 문화행사를 전국적으로 확산해서 '여름시인학교'를 열어 그 이름을 떨칠 때였다. 안기부에서 나온 직원 두 사람이 나를 만나자고 했다. 학교로 찾아온 그들이 이런저런 이야기를 하면서 신정일을 아느냐고 물었다. 나는 잘 모른다고 했다. 그러면서 그들은 아주 조심스럽고도 신중하게 '정일'이라는 이름을 강조했다. 아하, 나는 그제야 북쪽의 그 누구를 생각했다.

세월이 흘렀다. 황토현문화연구회는 수많은 여름시인학교와 기행으로 전북 지역의 문화를 향상시키는데 기여해왔다. 전북의 문화운동사를 이야기할 때 황토현문화연구회를 떼어놓을 수 없을 것이다. 독재의 서슬이 퍼렇던 시절 고통과 어려움을 자처하면서 민주화운동과 문화운동의 열기를 한껏 끌어올렸던 황토현문화연구회는 문학과 사회와 역사와 환경 문제는 물론 우리 사회의 당면 과제를 종합적으로 해석하여 총체적인 축제의 장으로 만들어왔다. 황토현문화연구회의 여름시인학교는 그 열기가 얼마나 하늘을 찔렀던가. 문화에 목마른 문화인이 지리산에서, 섬진강에서, 황토현에서 벌였던 문화축제마당은 그 얼마나 여름밤을 달구었던가. 신명 나는 일이었다. 아무도 예상 못 했던 축제의 마당이었다.

'시인학교'를 비롯해 기행 문화의 단초가 된 '황토현문화연구회'의 행사는 마치 들불처럼 전국으로 번져 나갔다. 각 지역 문학 단체와 문화 단체에서 '여름시인학교'를, '역사문화기행'을 열었다. 황토현문화연구회는 '시인학교', '기행' 전성시대의 문을 열어젖혔다.

우리 기행 문화를 열어온 그 속에 신정일이라는 한 '촌놈'이 있었다. 그의 열정은 그 누구도 말리지 못했고, 그 열정은 식을 줄을 몰랐다. 그는 신념의 사나이다. 누가 뭐래도 나는 촌놈 신정일을 좋아한다. 많은 세월이 흘렀다. 세상도 많이 변했다. 문학과 문화운동에 대한 사회의 관심과 열정도 식었다. 그러나 신정일의 열정은 식을 줄 모른다. 그는 동학에 많은 열정을 쏟았다. 지금 전주 덕진 연못가에 세워진 김개남 장군비도 그가 주축이 되어 세웠을 정도로 그는 동학사상에 깊은 관심과 열정을 바쳐왔다. 신정일은 생각하는 바를 실천하는 재야 지식인으로 자처하며 살고 있다. 그는 지금 열정적인 독서와 집필에 몰두하고 있다. 그가 꿈꾸는 세상을 향해 그의 열정은 그때나 지금이나 조금도 식지 않고 있다.

철없이 까불던 임실 촌놈인 나를 처음으로 '시인학교' 강사로 초청해준 '황토현문화연구회'가 황토현문화연구소까지 그 변화를 꾀해온 지도 벌써 20여 년이 됐다. 우리의 역사 현실로 볼 때 참으로 장구한 세월이 아닐 수 없다. 그 세월 속에 쉽게 사라지고 잊힌 것이 그 얼마인가. 그러나 세월이 가도 변하지 않는 것과 세월이 가도 그 빛이 바래지 않는 것이 있다. 빛이 바랜 것은 그 사회와 역사 속에서 정당성을 얻지 못한 것일 것이고, 세월이 갈수록 더 빛나는 것은 역사적인 것일 것이다. 개인의 역사든 나라의 역사든 정직과 진실은 절대 묻히지 않는다. 세월이 가도 변하지 않을 가치와 사랑을 얻는 것, 그것이 역사적인 것일 터다. '황토현문화연구소'여! 부디 출발할 때의 그 순결했던 초심을 잊지 말기를 빈다. 황토현문화연구회의 20주년을 진심으로 축하한다.

09

내 인생의 황문연

● 서지영(약사, 황토현문화연구소 지도위원)

1987년 '여름시인캠프, 어둠을 넘어 전라도여' 팸플릿을 보니까 광고 면에 팔복동 '우리약국 3-2494'가 나온다, 19년 전의 여름이다.

백천내까지는 확실히 기억하겠는데, 너무도 오래전 일이라 덩치 크고 앞머리 좀 벗어진 우한용 교수와 같이 식당에서 밥 먹고 행사와 관련한 회의를 했던 정도까지만 생각난다. 그리고 백천내 중산초등학교에서 전통 혼례를 할 때 내가 신부 아버지로 배우 노릇을 한 기억이 난다. 그때 내 나이 40대 초반인데도 35세 이상은 나 혼자였고 90퍼센트가 20대였을 것이다. 1990년대 중반에 김직수 선생을 비롯한 어르신들이 행사에 나오시던 몇 번을 제외하면 항상 나이로는 1등이다. 어떤 때는 외로워서 다시는 나가지 말아야지 하면서도 속없이 또 나가곤 했다.

황문연과 연관된 모든 모임에 거의 다 주도적이고 직접적으로, 능동적으로 참여했다. 내가 가진 첫 번째 무기는 역시 돈이다. 그리고 사회 경험이 다양하고, 학식이나 지식도 폭넓으며, 깨끗한 이미지로 위기 대처 능력도 손색이 전주 덕진공원에서 정강우, 옥주보살과 함께 견훤대왕제를 올리다.

정강우 선생은 굿과 소리를 연결한 천재 무당이었다

없고, 사회 활동도 풍부해서 여러모로 쓸모 있는 회원 노릇을 해왔다.

세시풍속보존회 창립에는 100퍼센트 비용을 부담하면서 회장을 오래했고, 정여립, 김개남, 손화중, 견훤 등 영원히 기억해야 할 선조를 위해 얼마나 많은 일을 했던가. 녹두길, 견훤로, 명주골 네거리로 이름을 바꾸고 수학여행도 테마 여행으로 하는 선도적 역할을 하고 나니 이 일이 전국적으로 퍼져서 일본식 이름인 대장촌역도 춘포역으로 바뀌었다.

인생에서 40~50대 풍성한 수확의 계절에 황문연이 내 농장이 된 것이다. 나는 그 논밭에서 수많은 일꾼과 구경꾼과 방해꾼을 만났다. 기나긴 연극 무대와도 같다는 생각이 들기도 한다.

황문연은 내 몸과 마음의 피로를 풀어주는 포근하고 따뜻한 아랫목이라고나 할까. 삭막하기만 하고 소름까지 끼치는 군부독재타도운동이나 약국을 유달리 까다로운 조건 속에서 30여 년간이나 버텨온 것에 비교한다면 제1, 제2 농장보다 제3농장은 따뜻한 봄날의 복사꽃 농장인 것이다.

황문연 신정일 소장은 도깨비 소장이다. 회원이 하나도 없다가도 느닷없이 100명이 되니까 공화국에는 김정일, 남측에는 신정일 짙은 구름 속을 떠돌아다니는 신비로움에 공통점이 있다. 그러니까 이름을 함부로 짓지 말라고 하는가 보다. 황진이의 말처럼 한번 가면 다시 오기 어려워라.

절호의 기회를 놓치지 말길 바라면서 황문연과 20여 년간 거쳐 간 회원 여러분께 만복이 깃들기를….

2006년 입춘을 기다리며, 서지영 합장

10

황문연 20주년을 축하하며

● 양형식(의학박사, 전주시 의사협회장)

새해의 의미는 사람마다 다를 수 있겠지만, 또 해마다 누구나 한 번은 생일을 맞이하지만, 황토현문화연구소에 대해서는 새해가 더 의미 있는 것 같다. 창립 20주년을 맞이하기 때문이다. 20년이라는 긴 세월을 한결같은 마음으로 황토현문화연구소를 지키고 키워온 신정일 소장과 관계자 여러분의 노고에 머리 숙여 격려의 말씀을 올리면서, 삼가 축하의 말씀도 함께 올린다.

말이 쉽지, 20년 세월을, 큰 영광의 길도 아니요, 큰돈이 되는 일도 아니며, 남 앞에 크게 드러나는 일도 아닌데, 남이 알아주든 말든, 때로는 어려움과 좌절을 맛보기도 하면서 긴 세월을 황토현문화연구소를 지키고 가꾸어왔다. 참으로 장하고 대견스럽고 부럽기까지 하다. 황토현문화연구소 같은 곳이 우리 지역뿐 아니라 우리나라 곳곳에 더 많이 생기고 더 활발하게 활동을 해야 한다고 생각한다.

황토현문화연구소는 이 지역의 자연 그대로를 하나의 문화로 승화했다. 어느 스님은 법문을 통해 이 지역의 산하가 "산은 산이요 물은 물"이라고 말씀

했지만, 혼자 그렇게 서 있는 그것에 역사를 찾아 의미를 부여하고, 생명을 불어넣고, 인간의 삶을 추가해서 그 산하가 바로 사랑이 되고, 문화가 되어 이 지역민의 삶이요, 역사를 만들어내는 역할을 한 것이다. 자연과 삶이 둘이 아니요, 자연과 인간을 한데로 묶어내는 뜻 있는 일을 해낸 것이다. 그뿐만 아니라 이 지역에 사는 우리에게 여유를 부여해주었다. 그냥 그렇게 닥치는 대로 사는 삶이 아니라 과거를 돌아보고, 자연을 살펴보고, 역사의 의미를 부여하는 삶의 방식을 가르쳐주었고, 그리하여 지역민의 삶에 풍요와 여유를 부여해준 것이다. 누구도 할 수 없는 일을, 아니 누군가 해야 할 일을 황토현문화연구소가 해냈으니 참으로 자랑스럽고 기쁘고 축하하지 않을 수 없다.

부디 지난 세월보다 더 많은 의미와 지역민의 삶을 불어넣어 이 지역의 숨결로 살아남아 주기를 당부하는 것으로 축하의 말을 갈음한다.

신라 천년 고도 경주기행에서 이재호 선생과 함께

제2부

전주에서 문화운동의 씨앗을 뿌리다

01 참 문화가 참세상을 만든다. 신정일
02 지리산 해방에 눈 뜬 이 땅의 봉수대여 - 제5회 여름문화마당. 김송영
03 청산이 소리쳐 부르거든 유철상(상상출판 대표)
04 〈전라세시 풍속보존회〉를 만들어 세시풍속 축제를 열었다. 양진성
05 동학의 지도자 김개남, 손화중 장군 추모비를 세우다. 신정일
06 〈동편제〉의 원류를 찾는 판소리 기행' 정재숙(한겨레신문 기자), (전 문화재청장)
07 〈서편제〉 원류를 찾는 판소리 기행 '제월당에서 고창읍성까지, 송현순
08 세계 최초의 공화주의자 정여립 재조명을 위해 대동사상 기념사업회를 만들다. 민승기
09 전주의 옛 이름 찾기를 전개하다. 신형교
10 생명과 평화 자치로 우뚝 선 모악산 살리기 운동 이정현(전북환경운동연합 선임활동가)
11 전주 KBS와 함께 동학기행을 시작하다. 신정일
12 수학여행을 현장체험학습으로 바꿀 것을 제안하다. 신정일
13 나 홀로 연구소장이라는 평을 받았다. 신정일
14 섬진강, 금강 등, 한국의 10대 강과 전주천, 만경강, 동진강을 도보답사하다. 신정일
15 조선시대의 옛길, 삼남대로, 영남대로 관동대로를 걸었다. 신정일
16 한나라당 연찬회에 강사로 참여하다. 신정일
17 대한민국에서 걷기에 대한 거대 담론이 시작되다. 신정일

01

참 문화가 참 세상을 만든다

● 신정일(황토현문화연구소 소장, 문화재청 문화재위원, 문화사학자, 사단법인 우리 땅 걷기 이사장)

1989년 8월 3일, 정읍시 덕천면 황토현기념관 소나무 그늘 아래서는 '갑오농민의 혼이여, 타올라라, 통일의 불길로'라는 주제의 현수막이 바람에 펄럭이고, 강연을 하던 반백의 한 사내가 쩌렁쩌렁한 목소리로 노래를 부르고 있었다.

"이 두메는 날라와 더불어 꽃이 되자 하네, 꽃이 피어 눈물로 고여 발등에서 갈라진 녹두꽃이 되자 하네."

주위에 늘어선 200여 명의 사람도 그 노래에 취해 어깨를 휘감고 떠나갈 듯 목청을 높이고 있었다. 100여 년 전 이 땅의 민중이 불길처럼 일어나 반봉건, 반외세의 깃발을 높이 들고 죽창으로 관군과 맞서 크게 이긴 그곳, 한 무리의 사람들은 그들의 정신을 계승하고 넋을 위로하고자 마련한 네 번째 '여름문화마당'의 참가자였고, 강연자는 1979년 제3공화국 말기에 남민전 사건에 연루되어 10여 년간 옥고를 치른 뒤 1988년 말 출소해 첫 번째 강연자로 나선 김남주 시인이었다.

'동학농민혁명과 변혁운동'이라는 주제 강연에서 김남주 시인은 10여 년 전 자신이 황토현을 처음 찾았을 때와 달라진 점이 거의 없다고 말한다. 위정자들이 자신들의 정당하지 못한 정권을 옹호하기 위해 으리으리하게 세운 황토현기념관 하나뿐, 이 땅의 민중 모습은 100여 년 전이나 10여 년 전이나 또는 지금 무엇이 달라졌느냐고 강변할 때 매미 소리도 멎고 8월의 따가운 햇살만 무심히 쏟아져 내리고 있었다. 역시 예나 지금이나 달라진 것이라곤 없었다. 기념관 현관 정문 쪽에서 예리한 눈초리로 서성이는 모처의 사람들….

황토현문화연구회, 1986년 초 암울했던 질곡의 시대, 몇 사람의 모임마저 불온시 여겨지고, 오직 서슬 푸른 제5공화국의 군홧발만 활개를 치던 그 시대, 바로 시대의 어둠 때문인가, 지역문화운동은 구심점을 잃은 채 대중으로부터 차츰 발을 떼어가고 있었다. 문학인, 연극인 노래패, 풍물패 등 여러 문화운동 단체가 있긴 했지만, 그들은 목소리만 높았고, 오직 자신들의 길만이 옳다고 생각하고 있었다. 따라서 그들은 어떤 단체와도 생각을 나누지 않았다. 그 무렵 문학과 우리 문화에 관심이 있는 몇 사람이 지하 다방의 구석진 자리에 모여 쓰디쓴 차를 마셨다. 이 시대에 맞설 수 있는 변혁운동의 실체는 무엇일까?

그들은 꿈틀거렸다. 문화운동은 모든 단체 간의 강력한 연대로 이어져야 한다. 우선 작은 것부터 시작이다. 그해 그들은 전주 덕진에 있는 한 카페에서 조촐한 '시 낭송회와 민중노래 발표회'를 연다. 이어 '시인과의 만남', '민요발표회' 등 일련의 문화행사를 갖기 시작하며, 이 단체 저 단체를 비집어본다. 그들 스스로 호주머니를 털어 마련한 문화행사에는 문화에 갈증을 느낀 사람들이 입추의 여지 없이 모여들었고, 무수한 시행착오를 거치면서 그들은 또 다른 문화축제를 꿈꾸게 된다. '꿈은 언제나 희망의 사다리이며, 노력에 의하여 정복되는 산정'이라는 결의를 가지고 황토현문화연구회가 1년 동안 가장 심혈을 기울여 선보이는 '여름문화마당'은 그렇게 해서 만들어진 것이다.

문화마당은 처음엔 '여름시인캠프'라는 이름으로 시작한다. 첫 회는 '전라도여, 전라도여!'라는 주제로 황톳빛 선연한 이 땅의 역사를 보듬기 위한 몸짓이었다.

섬진강 상류 사선대 위 방수리에서 그해 8월, 2박 3일의 일정으로 열린 '진달래도 피면 무엇 하리' 행사가 열렸다. 분단 현실에 절규하다 지금은 타계한 박봉우 시인의 줄담배와 대책 없던 술 그리고 서홍관, 안도현, 백학기, 박남준을 비롯한 전북 지역의 여러 문인과 전통문화 재현, 문학 강연, 시 낭송회, 대동놀이 등으로 조촐하지만 짜임새 있는 행사를 치러낸다. '여름시인캠프'는 그들이 처음 계획했던 그 이상의 반향을 부른다. 이어 1987년, 1988년 2회와 3회에는 국립공원 변산반도 내변산에서 백제 문화와 통일 문제로 고민한다. 이때 '시인은 이래야 한다'고 시인의 전형을 보여준 도종환, 김준태, 장효문 시인을 만날 수 있었던 것은 행사 자체에 지쳐 목말라하던 그들에게 한줄기 소나

길 문화축제에서 천명의 비빔밥을 만들어 나누어 먹다.

기가 되어주었다. 그리고 문화적 배고픔 탓인지 300여 명 이상이 참석하는 대성황 속에 치러진 그 행사를 통해 그들은 또 변신을 시도한다.

1988년 가을, 그들은 '여름시인캠프'를 총체적 문화축제 형식인 '여름문화마당'으로 전환할 것을 제안한다. 또한 언제까지고 무명 단체로 마치 음모를 꾸미듯 숨어 있을 필요도 없다. 따라서 그들은 민중의 숱한 염원으로 일어서던 동학의 후예가 되고자 당당히 '황토현문화연구회'라 이름 한다. 100년 동안의 왜곡된 역사 속에서 동학의 후예이기를 거부하던 부끄러운 역사를 바로 세우고, 이 땅의 자긍심을 높이려는 노력으로 새로운 문화운동에 심지를 올린 것이다.

'참 문화가 참 세상을 만든다.' 약칭 황문연은 문학과 역사의 올바른 이해를 통하여 건강한 역사의식과 참 문화를 견인해 삶의 질을 풍부하게 한다는 취지 아래, 정읍 황토현에서 '여름문화마당'이라는 새 이름으로 새로운 출발을 한다.

적게는 30만 명에서 50만 명의 희생자를 낸 동학농민군의 넋을 위로하는 정강우 무당의 씻김굿이 황토현 산자락에 스며들고, 정읍문화원 최연식 원장의 동학 강연이 끝난 뒤, '그림으로 그리는 한국 현대사'를 마친 송민규 화백은 수배 중인 몸이 되어 총총히 산그늘 속으로 사라진다. 1990년 지리산 달궁계곡에서 해방 공간으로 역사적 의의와 빨치산 투쟁을 재조명하고자 열었던 다섯 번째 여름문화마당 '지리산 해방에 눈뜬 이 땅의 봉수대여'라는 주제의 행사에는 난데없이 전경 차 네 대가 나타나 전투경찰을 풀어놓았다. 1991년 섬진강에서 개최했던 '청산이 소리쳐 부르거든'이라는 '여름문화마당'이 끝난 뒤에는 회원 모두가 직장과 소속, 성향까지 안기부에 등록되기까지 했다. 하지만 그럴수록 회원들은 더 많은 일을 벌여 나갔다. 1889년 가을부터 시작한 '문화역사기행'이 바로 그것이었다.

문화마당이 삶의 모습 모두를 드러내는 축제였다면, 문화역사기행은 숨겨진 역사의 그늘을 찾아 국토 사랑과 우리의 삶을 확인해 나가는 현장학습이었다. 한국 근현대사를 배경으로 한 작품들의 산실이 됐던 곳과 역사의 발자취가 서린 곳을 찾아 떠나는 첫 번째 기행 장소는 전남 고흥의 소록도였다. 이청준의 장편소설《당신들의 천국》의 무대인 소록도를 필두로 남해 금산, 하동 평사리, 강진 다산초당, 증산 강일순의 사상을 더듬는 민족종교기행 그리고 부석사와 하회마을, 계룡산의 풍수지리, 소리 길 따라 남도 길을 헤맨 동편제와 서편제 기행 등 황문연은 부지런히 국토를 누빈다. 열다섯 번째 문화역사기행은 황문연과 한길사, 역사문제연구소가 공동으로 주최해서 역사를 위해 쓰러져간 사람들을 위한 진혼제를 올리기도 했고, 벽두 '겨울지리산기행'이 벌써 열여덟 번째 나이테를 그리면서 황문연은 초창기에 비해 양적, 질적으로 많은 변화를 맞이한다. 처음에는 학생이 대부분이었으나 지금은 거의 일반인

계룡산 풍수기행, 최창조, 신정일, 김판용, 김송영, 이숙희

이며, 나이도 직업도 각양각색인 여러 형태의 사람이 우리나라 전역에서 며칠씩 휴가까지 내고 찾아온다. 적게는 50여 명, 때로는 200여 명까지 몰려올 때 황문연은 기쁨에 앞서 두려움을 느낀다. 그리고 전교조를 비롯한 전국의 문화단체, 각 대학교 학술 단체, 동학기행이나 문학역사기행의 자료집 요청과 함께 안내 의뢰를 해올 때 황문연은 이제 지역의 일꾼만이 아님을 안다.

황문연이 '우리 역사를 바로 세우자'는 취지를 가지고 김개남 장군의 추모비를 건립하기로 결정한 것은 1991년 가을이었다. 동학농민혁명 당시 녹두장군 전봉준, 손화중과 함께 3대 지도자 중 한 사람이었으며, 혁명적 열기가 가장 뜨거웠던 그분을 위하여 추모비 건립 기금 마련을 위한 하루 주막을 열었고, '김개남 장군 추모사업회'를 결성한 후 지난해인 1993년 5월 전주 덕진공원에 드디어 비를 세울 수 있었다. '개남아 개남아 김개남아!'라는 신영복의 글씨를 받아, 불치의 병으로 사경을 헤매다가 작고한 김남주 시인과 역사학자 이이화 등 많은 사람이 모여 장군의 삶과 업적을 재평가하고, 소박하나마 추모비를 세우게 된 것은 우리 마음속에 두고두고 기억될 일이다.

1992년 정월 대보름부터 전주 다가공원 천변에서 전주시민을 위한 '정월 대보름 굿'을 열었던 것도 매우 뜻 깊은 일이었다. '살림의 문화와 삶의 축제'라는 주제로 지역민의 일체감 조성과 지역 축제의 복원, 전통 민속놀이의 창조적 계승을 위해 황문연과 전주 지역 풍물패, 문화패 등 13개 단체가 어우러져 두 번째 대보름 굿을 올리기 시작한 것이다. 밸런타인데이와 화이트데이 등 국적 불명의 외래문화와 소비 향락 축제가 마치 우리 것인 양 사회를 휩쓴 지 오래다. 자라나는 청소년에게 과연 무엇이 어째서 참된 우리 것이라고 말할 수 있을까? 그러나 아직 늦지는 않았다. 하나씩 바르게 찾아가면 된다.

정월 대보름 굿은 바로 그런 데 의미가 있다. 이를 계기로 3월 삼짇날의 화전놀이, 5월 단오, 7월 백중과 같은 우리 고유의 명절을 되찾음과 아울러 우리의 참 문화, 삶의 문화를 점차 실현해가는 중이다. 황문연 홀로 서기가 아니라 이제는 모든 문화 단체가 강력한 힘으로 연대해 나가고 있다. 그래서 더욱 가능성을 확신한다. 이번 전주시민을 위한 대보름 굿에서는 당산제를 포함하여 각종 민속놀이, 연합 풍물마당, 명인 명창 거리, 난장판 거리, 달집태우기 등 하루 종일 신명의 한판 굿이 이어진다.

1994년은 동학농민혁명이 일어난 지 100주년이 되는 해다. 1989년에 100주년을 준비하기 위해서 여름문화마당을 열었던 황문연은 1994년에 '동학농민혁명 100주년 기념사업회'가 결성되자 모두가 부푼 마음이다. 현재는 기념사업회 가맹단체로 참여하는 황문연의 구성원들은 100주년을 빛내기 위해 열심히 제 역할을 점검 중이다.

지금까지 황문연은 앞만 보고 달려왔다. 어떤 평가에도 신경 쓰지 않고, 옳다고 생각하는 일만 해왔다. 세계화, 국제화를 외치는 지금의 시대에 무엇이 세계화인지, 국제화인지 모르면서 그저 친구 따라 강남 간다고 장단 없이 춤을 추어대는 이 현실을 깨쳐 나가는 것만이 우리의 몫이라고 생각했다. 그러나 참된 민족문화는 몇 사람이나 몇 단체의 앞질러 나가는 생각만으로 가능한 것이 아니다. 삶이 곧 현실이듯 문화는 생각만이 아니라 곧 몸으로 실현되는 현실이어야 한다. '참 문화가 참 세상을 만든다'는 믿음으로 사람이 한울인 세상, 후천개벽 참 세상을 열기 위하여 우리는 참된 민족 문화를 이끌어내야 한다. 가장 문화적인 것이 가장 민족적인 것이며, 가장 민족적인 것이 가장 국제적이고 세계적인 것임을 되새긴다.

02

지리산 해방에 눈뜬 이 땅의 봉수대여

● 김송영(임실서고 교사)

제5회 여름문화마당

일시: 1990년 8월 2일(목)~5일(일)

장소: 전라북도 남원군 산내면 덕동분교와 달궁계곡

민중의 산, 한 많은 백성의 도피처, 의로운 자의 은거지, 근대 항일 의병의 격전지이자 가까이는 민족 최대의 수난기인 한국전쟁의 참상을 그대로 간직한 '반란의 고향'. 박경리의 《토지》가 쓰였고, 조정래의 《태백산맥》이 태동했고, 옛날부터 수많은 문인이 노래했던 두류산, 방장산, 어머니의 산. 때로는 빼어난 서정을 미려한 수사로, 때로는 처절한 분노를 절규하듯 그려내는 대상이었던 지리산은 어떻게든 오랫동안 넉넉하게 그들을 품어주고 푸근히 감싸주었다. 그러나 이젠 달라져야 한다. 지리산은 민중의 역사와 함께 복원되어야 한다. 산천경개 좋은 금수강산은 지리산 말고도 얼마든지 있다. 전원과 낭만과 좋은 경치는 그런 산에서 노래하고 지리산에 대해선 이제 품에 묶어둔 말을 풀어내야 한다.

8월 폭염이 절정이 달하던 즈음 우린 그곳을 찾았다. 100명이 훨씬 넘는 참가자와 함께하는 '제5회 여름문화마당'은 달궁계곡 덕동에서 열렸다. "과연 지금의 지리산은 우리에게 어떤 의미로 다가설 것인가. 우리에게 무엇을 말해줄 것인가. 또 우리는 무엇을 찾아낼 것인가." 행사를 앞둔 마음은 착잡함과 설레는 기대감이 교차된다. '황토현문화연구회'가 4회에 걸쳐 축적된 경험을 바탕으로 마련한 다양한 프로그램과 행사 취지가 자못 기대됐다.

지리산 달궁계곡에 위치한 아담한 초등학교인 덕동분교에서 시작된 3박 4일간의 일정은 '열린 강연'부터 시작됐다. 문학평론가이면서 '한길문학' 편집주간인 임헌영의 강연은 어느 정도 짐작은 하고 있었지만 명성에 걸맞게 행사의 취지에 묵직한 울림을 더해주었다. 그는 근대사의 불행에 대해 이야기했고, 그 출발의 원인을 정통성이 결여된 해외 독립운동파의 귀국(대표적으로

지리산 여름문화마당에서 김성식, 행사를 막기 위해 전경차가 오다.

이승만)에서 찾았으며, 이때 이미 분단의 단초가 내포돼 있지 않았겠느냐는 지적을 했다.

그의 강연이 끝나고 야영 준비가 이어졌다. 참가자들은 이미 편성된 조원들과 함께 3박 4일간 생활할 텐트를 치고, 밥해 먹을 식품과 도구를 정리했다. 그들이 분주히 움직이는 모습이 여기저기서 보였다. 낯선 얼굴과 한 조가 되어도 오래본 익숙한 얼굴인 듯 서로 친근한 모습이다. 참가자들은 아주 다양했다. 어린 꼬마가 딸린 가족, 중고등학생, 대학생, 교사를 비롯한 직장인, 초청 문인 및 강사, 행사를 진행하는 황토현문화연구회 회원들과 그 가족까지…. 여러 계층과 연령대, 직업, 심지어 피서를 겸해서 온 사람까지 함께 어우러져 여름문화마당만의 독특한 모습을 연출하고 있었다. 그들은 지금 무엇에 대한 기대와 열정으로 여기에 와 있을까. 사실 지리산에 얽힌 이야기에 대해 얼마나 아는지 모르는지는 그리 중요한 것이 아니다. 3박 4일간 함께 행사에 참가하다 보면, 더불어 밥을 지어 먹고 술 한잔 나누다 보면 저절로 알게 될 것이다. 지리산에 담긴 이야기와 속 깊은 사연이 잠들어 있음을 깨닫게 될 것이다.

첫날밤은 '열린 고사'로 시작됐다. "역사의 혈전장 지리산에서 한판 두레를 펼치옵니다. 이른 우리 스스로의 깨달음과 실천을 다짐하는 성스러운 굿판이니 지리산 영령들과 원혼들께서 모든 일정을 굽어 살피시고, 어머니의 산 지리산의 자애로운 영기(靈氣)가 함께하소서." 고사상 돼지머리에 꽂힌 지전도 지전이지만 참가자의 자발적인 참배와 자기소개를 겸한 한마디를 통하여 참여 의지가 한껏 고조되는 분위기였다.

이어서 주제 토론이 뜨거운 열기를 뿜어냈다. "우리는 우리의 현재를 확인하기 위해 역사를 더듬어 깨달음을 얻어야 하고 내일의 역사를 밀고 나갈 교육을 생각해야 한다. 또한 우리의 분열된 생각에 초록빛 생기를 불어넣기 위해 우리는 문학적 문화를 체득해야 한다. 우리 역사와 교육과 문학을 우리의 온전한 삶의 연결고리로 삼아야 한다." 그래서 주제 토론은 역사, 문학, 교육 세 부문으로 나누어 이루어졌다. 지리산을 중심으로 펼쳐진 빨치산 투쟁의 전개를 살펴보기 위해 조정래의 《태백산맥》, 이병주의 《지리산》, 이태의 《남부군》 등의 소설과 시로는 문병란의 〈동소산의 머슴새〉, 오봉옥의 〈지리산〉 등이 구체적인 작품으로 거론됐다.

둘째 날, 지리산의 아침 햇살을 맞이하고 눈을 비빈다. 지리산 계곡 텐트 속에서 일어나는 낯선 기운 때문인지, 간밤에 미처 인식하지 못했던 역사적 사실에 대한 혼란 탓인지, 멀리서 참가한 사람들과 함께한 격정 어린 취중 토론 때문인지, 잠시 혼란스러움 속에 있다가 아침식사를 챙긴다.

오전에는 오늘의 지리산은 무엇을 이야기하는가에 대한 '작가와의 대화' 시간이 시작됐다. 매미 울음소리가 왕성한 덕동분교 교정의 나무 그늘 밑에서 우리는 젊은 작가들과 마주했다. 우한용, 정도상, 오봉옥, 박남준, 김기홍 등이었다. 그들에게 지리산은 한결같이 강렬한 역사 인식과 창작 동기를 부여하는 어머니 산이었다. 작가들의 생각과 삶은 치열하고 선명하게 우리에게 다가왔다. 아직도 끝나지 않은 대결과 분단으로 인해 지리산의 투쟁과 아픔은 계속되고 있었다. 작가들이 글을 쓰게 된 동기에서부터 심지어 술버릇까지도 화기애애한 가운데 격의 없이 이야깃감으로 오르내렸다. 그 속에서 우린 글 속에 담긴 작가들의 생각을 더 가깝게 느낄 수 있었다.

자신의 생각에 따라 표현하는 탈 만들기 시간엔 모두가 함박웃음을 띠며 즐거워했다. 웃음과 노여움, 슬픔, 기쁨 등 다양한 감정을 얹은 탈의 모습을 설명하고 사진 찍으며 함께한 시간 속에서 우리는 모두 미술가였다. 나는 지리산을 닮은 탈을 만들고 싶었다. 생각대로 잘 됐다고 생각했는데, 과연 남도 그렇게 생각했는지는 미지수다.

사흘째 되는 날, 우리는 또 하나의 신선한 그리고 절박한 내용의 강연을 들었다. 전북대학교 이명우 교수의 '현대 환경론'이 그것이다. 우리는 풍요 속에 도사리고 있는 빈곤, 인간의 한계적 상황, 정치 경제적 모순 속에서 배태되는 환경 문제의 심각성을 피부로 느껴야 한다. 그리고 각자의 생활 속에서 다양한 활동을 통해 나뿐 아니라 주변 사람 모두 이 문제를 공유하도록 해야 한다. 그리고 인간성이 회복되고 자연성이 회복되는 과정을 통해 우리는 서로 변화해야 한다는 주장을 펼쳤다. 환경 문제는 우리에게 아주 먼 이야기처럼 들렸지만 심각하고 깊이 있게 설명하는 강사는 우리에게 큰 과제를 떠안기고 강연을 마무리 지었다.

오후에는 지리산에서 역사의 질곡에 의해 죽어간 수많은 원혼을 위로하는 '씻김굿과 상례 재현'이 있었다. 특히 미움의 대상을 넘어 금기의 대상이었던 빨치산의 원혼을 위로하기도 했는데, 이로 인해서 전투경찰이 계곡 길을 막아서며 상례 행렬과 대치하는 상황도 벌어졌다. 하지만 우리가 누구인가. 그렇다고 굴복한 사람들인가. 상례는 방향을 바꿔 길을 갔고 계곡에 와 있던 피서객도 동참하는 상례 행렬을 만들었다. 무덤도 상여도 없이 지리산 곳곳에 버려진 주검들이 어찌 이러한 의식만으로 해원할 수 있겠는가. 구슬픈 상여 소리와 상여에 꽂히는 지전으로 그들의 한을 풀어줄 수 있겠는가. 하지만 상여는 이렇게라도 아픔을 어루만져줌으로써 그들을 위로하고, 나아가 남북의 화해와 민족 통일의 열망을 분명하게 드러내고자 하는 의지였다.

마지막 날은 '노고단 등반'이었다. 사람들은 아침부터 분주하게 움직였다. 우리는 아쉬움을 간직한 채 함께 밥을 해 먹고 자고 어우러지며 기나긴 이야기꽃을 피웠던 텐트를 걷고, 자료집과 노트를 배낭에 넣고, 마당을 정리한 뒤 버스에 올라 성삼재로 이동한 뒤 노고단 정상으로 향했다. 정상은 군부대가 차지하고 그 아래 돌탑을 쌓아놓은 이름만 정상인 노고단 정상이었다. 개발과 사람들의 무분별한 행동과 등산객의 발걸음으로 인해 노고단은 황폐해진

맨살을 드러내며 신음하고 있었다. 자연은 자연에게 그대로 맡겨두는 것이 가장 확실한 환경 문제 해결책이라는 강연을 생각하며 올라선 정상은 온통 원추리 꽃밭이었다. 과거 수많은 원혼을 품고 위로해왔듯이 인간의 침탈에도 산은 최선을 다해 동물을 품고 꽃을 피우고 있었다. 발걸음이 닿지 않은 한쪽에 숲이 있었다. 노고단 능선은 반야봉에서 잠시 솟았다가 아스라이 이어진다. 100리 먼 걸음을 구불구불 이어 구름 속에 희미한 천왕봉으로 솟아 있었다. 감히 누가 내 품에 든 것들을 건드리겠느냐는 듯 굳세게 솟아 있었다. 역사는 요동을 쳐도 지리산은 의연하게 서 있었다.

노고단에서 정식 폐회식을 마치고 우리는 섬진강으로 향했다. 구례에서 강과 동행하여 하동 송림에서 악수했다. 지리산과 섬진강은 한 몸으로 산이 근육이라면 강물은 핏줄이다. 끊이지 않고 흐르는 강물과 굳건한 산이 때로는 세차게 때로는 부드럽게 흐르고 어우러지면서 그 품속에 사람과 동물과

남원의 선국사 보제루에서 강연을 하는 김지하 시인과 신정일

온갖 풀과 나무, 생명을 키우고 있다.

지리산 뭉툭한 허리를 감고 돌아가는
섬진강을 따라가며 보라
섬진강 물이 어디 몇 놈이 달려들어
퍼낸다고 마를 강물이더냐
- 〈섬진강〉, 김용택

제5회 여름문화마당은 하동 송림에서 의연하게 솟은 지리산과 마르지 않는 섬진강 물을 보며, 3박 4일간 밥과 잠과 이야기를 함께 나누고 다양하고 많은 일정을 소화하며 어우러졌던 조원 및 참가자들과 다음을 기약하면서 마무리 지었다.

03

청산이 소리쳐 부르거든

● 유철상(상상출판 대표)

고등학교 시절 김판용 선생님의 소개로 1990년 황문연과 인연을 맺게 되었다. 그 당시 황문연에서 주최한 문화역사기행을 열심히 좇아다녔다. 소록도, 섬진강, 동학기행, 소리기행 등 버스를 타고 구불구불 문화답사를 다녔다.

또한, 김용택 시인, 안도현 시인, 도종환 시인, 문순태 소설가, 정강우 선생, 임재해 교수, 이이화 선생 등 이름만 대면 전 국민이 아는 작가와 교수님들이 현장에서 강연했다. 강연이 무겁거나 어렵지 않고 현장에서 전해지는 문화답사였기에 더욱 의미가 있고 큰 공부가 되었다. 시간이 흘러 대학을 졸업하고 여행전문기자를 하고 상상출판을 창업해 운영하면서 그 시절의 에너지가 지금의 모습을 만들었구나 하는 생각을 할 때가 많다.

1991년 8월 1일부터 4일까지 열린 제6회 여름문화마당은 섬진강 천담분교에서 열렸다. 천담분교는 구담마을 바로 아래에 있었는데 학교 앞에 다리가 있었다. 때마침 행사가 시작되고 비가 많이 오면서 강물이 넘쳤던 기억이 먼저 떠오른다.

이 당시 황문연의 〈여름문화마당〉은 전국적으로 소문이 나서 300여 명이 넘는 참가자들이 운집했었다. '참문화가 참세상을 만든다'라는 믿음 아래 황토현문화연구회가 역량을 총 집중해 기획한 행사였다. 해마다 300여 명이 넘는 사람들이 전국에서 몰려 왔고 김준태, 김남주, 임헌영, 도종환, 안도현 등 유명한 시인과 작가들의 열림 강연으로 행사가 시작되었다.

천담분교에서 열린 '여름문화마당'은 정말 다양한 문화를 한 곳에서 경험할 수 있었다. 열림강연이 끝나면 고사를 지냈다. 돼지머리와 막걸리를 마시며 농촌문제, 환경문제, 회문산과 관련된 역사 주제 등 주제토론이 이어졌다.

둘째 날은 '작가와의 대화'가 이어졌다. 섬진강의 시인인 김용택 시인이 참가자와 함께 섬진강에 얽힌 이야기를 들려줬다. 섬진강에서 나고 자라 섬진강 시인이 되었다는 김용택 선생의 유쾌한 강연은 당시 문학청년이었던 시절 큰 힘이 되었다. 이후에도 소설가 김하기, 김형수 시인의 강연이 이어졌다.

섬진강의 시인 김용택이 강연을 마치고 활짝 웃고 있다.

셋째 날은 '청산이 소리쳐 부르거든'이라는 주제에 딱 맞는 인물이 나타났다. 저녁 시간에 민중가수 안치환의 공연과 전주 지역의 노래패인 '하나 될 노래'의 무대가 이어졌다. 안지환 가수는 참가자들을 위해 막걸리를 한가득 사와 참가자들이 환호했던 기억이 난다. 그리고 노래공연이 끝난 후 걸쭉한 뒤풀이가 이어졌다. 한껏 흥이 오른 참가자들은 모닥불과 함께 하나가 되어 젊은 열기로 출렁거렸다.

마지막 날엔 주최 측에서 준비한 백일장이 열렸고, 주제토론을 정리해 마무리 주제 발표를 한 후 3박 4일 동안의 뜨거웠던 한여름 밤의 문화마당이 마무리되었다.

행사에 참여하고 느낀 점은 매일 매일 행사가 주제와 토론이 이어졌던 기억이 난다. 현대사를 바라보는 역사 주제토론, 무속연구가 정강우 선생이 보여준 우리 전통문화의 재현, 조별 장기자랑, 모두가 어깨동무하고 목이 터지라

안치환 가수는 참가자들을 위해 막걸리를 선물했다.

소리쳐 불렀던 '청산이 소리쳐 부르거든'의 노랫말이 아직도 귓전에 맴돈다.

사실 황문연의 '여름문화마당'은 화려한 행사라기보다는 우리 삶과 문화의 접목을 시도했다. 문학, 그림, 노래, 역사, 전통문화를 주제로 토론하면서 참가자들의 주체적 행사로 단단하게 여물어갔다.

필자가 고등학교 시절 황문연을 만나게 된 건 사실 큰 행운이었다. 책을 읽고 작가가 직접 작품 속의 배경과 소재가 된 내용을 설명해주는 강연은 두고두고 잊지 못할 것이다. 그리고 역사, 전통문화, 문학, 노래, 그림 등 다양한 문화를 경험하고 주제토론을 하면서 진지하고 건강한 문화를 배우고 경험할 수 있었다. 지금의 나는 팔 할이 '황문연' 이 키웠다고 해도 과언이 아니다. 청산이 소리쳐 부르거든 젊음과 패기가 회문산과 섬진강을 쩌렁쩌렁 울려댔던 여름문화마당이 한여름 밤의 꿈처럼 아직도 생생하다.

04

'전라세시풍속보존회'를 만들어 세시풍속 축제를 열다

● 양진성(전라좌도굿 인간문화재)

어느 시대나 새로운 문화를 만들기 위한 시도가 있었다. 지난 시대와의 결별이 아니라 '역사는 과거와의 대화'라고 말한 E. H. 카의 말과 같이 과거와 현재의 공존 속에서 새로운 문화를 창출하는 것이다.

그렇다면 무섭게 변화하는 시대 상황 속에서 무엇이 새로운 문화이며, 그 문화를 어떤 방법으로 이 땅에 토착화하고 현실화할 것인가? 1990년대 초의 내 화두였다. 오랫동안 고민에 고민을 거듭하던 중 우리약국을 경영하던 서지영 약사, 황토현문화연구소 신정일 소장과 담소를 나누다가 잘 노는 것이 잘 사는 것이며 그것이 시대정신이라는 결론을 도출했다.

노세 노세, 젊어서 노세
늙어지면 못 노나니
화무는 십일홍이요, 달도 차면 기우나니라
- 〈노랫가락 차차차〉, 황정자 노래

대중가요 속에도 나오는 '잘 논다'는 말, 이는 스스로 즐거울 때가 아니면 가능하지 않다. 어떠한 장애도, 어떠한 경계도 없는 상태에서만 잘 놀 수 있다. 잘 논다는 것은 그렇게 즐거울 수가 없고 몸과 마음이 혼연일체가 되어 모든 것에서 벗어날 수 있는 것이다. 그것이 잘 노는 것이다. 그렇게 잘 놀 수 있다면, 그것이 가능하다면, 다른 모든 것도 노는 것처럼 할 수 있거나 될 수 있지 않을까? 그런데 그렇게 잘 노는 것이 가능할까? 그게 문제다.

하지만 세상은 그렇지 않다. 잘 노는 것처럼은커녕 지겨움으로, 의무감으로 살기 때문이다. 아무리 시계를 봐도 잘 가지 않는 시간, 죽음보다 더 싫을 만큼 만나기 싫은 사람, 하기 싫은 공부, 보기 싫은 시험, 쓰기 싫은 글 등 그러한 모든 것을 의무감 또는 책임감과 먹고살기 위해 할 수밖에 없는, 그런 것이 도처에 가득하다.

어떻게 하면 잘 놀 수 있을까? 그러한 문제의식을 가지고 시작한 것이 전주라는 도심에서 전통 세시풍속 축제를 열자는 것이었다.

그렇다면 옛사람은 어떻게 놀았을까? 정월 초하루, 정월 대보름, 3월 삼짇날, 4월 초파일, 5월 단오, 6월 유두, 7월 칠석, 7월 백중, 8월 한가위, 9월 중양절, 11월 동짓달 등 그달 그달에 맞는 놀이를 통해 심신을 단련하고 서로 동질성과 대동정신을 함양했다. 특히 3월 삼짇날은 나라에서 노인에게 봄기운을 맞게 하려고 노인잔치를 열었으며, 진달래꽃으로 떡과 국수, 술 만드는 놀이를 벌이기도 했다.

백중에서 중양절 무렵까지 두 집의 중간 지점을 정하여 만나서 놀다가 헤어지는 반보기(中路相逢)나 봄가을 냇가에서 고기를 잡으며 즐겼던 천렵 그리고 봄나물을 뜯으며 즐겼던 상춘 놀이는 일반 대중의 놀이였다.

전주 지역에서 그 당시 활동하던 단체들이 모였다. 박남준 시인이 주축이 된 갠지갱이 있었고, 이복남을 중심으로 한 까치마당 풍물패, 정성엽을 중심

전주 다가공원에서 정월대보름 굿

신정일, 윤흥관, 서지영, 양진환, 양진성, 정성엽

으로 한 강령탈춤과 양순용이라는 걸출한 인간문화재를 길러낸 임실 필봉굿 단체 그리고 황토현문화연구소가 한 팀이 되어 1992년 '살림의 문화, 살림의 축제'라는 주제를 가지고 전주시내와 다가공원 일원에서 제1회 정월대보름놀이를 개최하여 잘 놀기를 시작한 것이다.

잘 논다. 잘 논다는 것은 무엇을 말하는가? 하위징아는 《호모루덴스》에서 "놀이는 일상의 시간에서 한 걸음 비켜서는 것이다"라고 말했고, 인간 내면의 시간 인식을 연구한 한 심리학자는 노는 것에 대해 "사람들이 즐거워할 때는 자신들 내면의 시계에 전혀 주의를 기울이지 않는다"라고 말했다. 이처럼 자신의 내면까지 잊고 세상에서 조금 동떨어질 수 있는 놀이, 하지만 그 놀이를 제대로 파악한 사람도 거의 없고, 잘 놀 줄 아는 사람도 별로 없다.

놀이는 음울한 회색 하늘을 배경으로 떠오르는 무지개와 같은 것이며, 에너지요, 음탕한 희롱이요, 주체할 길 없이 터져 나오는 파안대소요, 하늘 위로 붕 뜨는 듯한 부풀어 오름이요, 넘쳐흐르는 만물의 신이요, 잔이 넘쳐 흘러내리는 방울이요, 불필요하고 하찮은 것을 모두 가치 있는 것으로 만든다. 그래서 놀이는 중요하다. 놀이는 추수며 풍요며, 넉넉함이다. 노동이 끝난 후의 수확의 기쁨이며, 넘치는 활기이며, 차고 넘침이며, 선물이며, 나눔의 정신이다.

제이 그리피스가 《시계 밖의 시간》이란 그의 저서에 쓴 글이다.

그런 문제점을 간파한 전라세시풍속보존회 회원들이 벌인 '정월대보름놀이'는 사라져가는 전통문화의 복원과 전북도민의 일체감 조성 그리고 시민의 자발적 참여에 의해 모든 사람으로부터 크게 호평을 받았다. 그리고 계속 시도했던 3월 삼짇날의 화전놀이, 5월 단오놀이, 중양절의 국화전 놀이 등이 사라져가는 전통 세시풍속 축제를 나라 곳곳에서 개최하는 불씨가 됐다.

제1회, 제2회를 거듭하며 새로운 문화축제를 만들어 서로가 서로를 담금질하던 축제의 시절이 그 시절이었다. 지나고 생각하니, 그 시절이 아스라하지만 그립기만 한 것은 세월의 흐름 탓일까?

전라북도 교육청과 3월 삼짇날 화전놀이를 개최하다

음력 3월 3일을 삼짇날이라고 한다. 이때가 되면 겨울 추위가 완전히 물러나고 강남 갔던 제비가 돌아와 좋은 집 추녀 밑에 둥지를 짓고 새끼를 친다.

그런 삼짇날 우리 선인들이 해먹는 음식이 있었다. 온 산에 만발한 진달래꽃을 따다가 찹쌀가루 반죽에 붙여 기름에 지진 화전(花煎, 꽃전)이다. 화전은 봄의 감각을 물씬 풍기게 하는 우리 민족의 맛깔스러운 풍류였다. 그리고 녹두가루 반죽을 익혀서 가늘게 썰어 오미자 물에 넣은 다음 꿀을 타고 잣을 넣어 먹는 화면(花麵)도 있고, 진달래꽃을 녹두가루 반죽에 넣어 붉게 물들여 만든 국수를 꿀물에 먹기도 하는 수면(水麵)도 있다. 이 역시 봄의 별미라고 할 수 있다.

이날은 특히 봄기운이 왕성하고 흥이 저절로 나서 사람들은 산과 들로 몰려나가 화전과 수면을 만들어 먹으며 봄을 즐기기도 하고 머리를 감는 풍습이 있었다. 이날 머리를 감으면 흐르는 물처럼 머리털이 소담하고 아름다워진다고 했다. 사람들은 이날 나비를 보고 점을 치기도 했다. 여러 나비 가운데 노랑나비나 호랑나비를 먼저 보면 소원이 이루어진다 하고, 흰나비를 먼저 보면 부모상을 당한다고 여기기도 했다.

전통문화의 재창조와 지역 축제 복원 및 자라나는 청소년에게 우리 민족의 세시풍속 축제를 알리고 실천해온 전라세시풍속보존회가 전라북도교육청과 공동 주최로 1998년부터 진행한 축제가 3월 삼짇날의 화전놀이였다.

1998년 3월 삼짇날 전주 덕진공원에서 일반인 가족팀과 남녀 중고등학생이 참여하는 화전 만들기 경연대회를 벌였다. 교육감상과 전주시장상 등에 푸짐한 부상까지 주는 이 행사에서 쑥을 넣어 만든 개피떡과 진달래화채와 두견주를 나누어주면서 아름다운 화전을 만들었다.

1999년에는 전주 우전중학교 학생들과 함께 김제 귀신사 뒤편에서 진달래를 따다가 현장에서 만드는 화전놀이를 하면서 KBS 프로그램 〈6시 내 고향〉에 출연하기도 했고, 2000년에는 섬진강 변에서 초등학교 아이들과 화전놀이를 하기도 했다. 2005년에 열린 일곱 번째 화전놀이는 '학교로 찾아가는 세시풍속 축제'라는 주제로 한국전통문화학교에서 진행했다.

덕진공원에서 화전놀이 경연대회

견훤대왕제라는 별신굿과 함께 열었던 단오 축제

3월 삼짇날 화전놀이와 함께 진행했던 축제가 5월 단오 축제였다. 원래 전주의 단오 축제는 강릉 단오와 함께 이름난 축제 중의 하나였다. 그러나 전주 풍남제와 전주 대사습놀이에 묻혀서 빛을 잃어갔고, 특히 전주국제영화제가 개최되면서 단오 축제 시기가 4월 말에서 5월 초로 옮겨져 중단 위기에 놓였다.

김완주 전주시장의 요청에 따라 전라세시풍속보존회가 단오제를 개최하기로 했다. 전주 덕진공원에서 단옷날 열리던 행사 가운데 견훤대왕제 별신굿을 선보이기로 했다. 900년 전주에서 도읍을 열고 36년간 통치하면서 삼한을 통일하고자 했지만 비극적 최후를 맞았던 후백제의 견훤대왕을 추모하고자 단오놀이를 새롭게 개최하게 된 것이다.

경남의 문호장굿, 경북 자인의 김유신 상장군 당제, 고성의 성황제 등의 민속축제가 단옷날 열리는데, 전주에서는 견훤대왕을 중심으로 단오 축제를 열기로 한 것이다.

견훤의 무덤이 있는 충남 논산의 연무읍에서 견훤과 후백제를 위한 제사를 올린 후 전주 동고산성 안에 있는 후백제 별궁 터에서 제사상을 차려놓고 제관들이 억울한 죽음으로 1000년 여 동안 구천을 떠돌고 있는 견훤대왕의 혼백을 불러내 제사를 올렸다.

그다음 날인 단옷날에는 전주 덕진공원으로 견훤의 혼백을 모셔와 견훤대왕제를 올리고, 전라도와 경상도의 무당들이 지역의 화합과 안녕을 기원하는 무가를 부르는 등 대동 한판 굿을 벌였다.

별신굿과 함께한 단오 행사는 다채로웠다. 단오 음식 시연과 음식 나누어 먹기, 창포물에 머리 감기와 창포 삶은 물 먹기, 단옷날 부채 나누기, 단오첩 경연대회 등과 판소리 · 민요 · 시조 경연대회, 참여자 장기자랑 등 한마당 축제가 어우러진 행사였다.

전주에서 백제라는 나라를 열었던 견훤대왕을 축제의 전면에 드러내고 세시풍속축제를 결합한 전주 단오 축제는 아름답고도 소중한 지역 축제로 자리매김했다. 창포물로 머리를 감는 5월 단오 풍습을 재현하며 전주시민과 함께했던 아름다운 축제였다.

견우와 직녀가 만난다는 칠석 축제를 열다

음력 7월 7일은 전설 속의 견우와 직녀가 만나는 날이다. 동양권인 한국과 중국 그리고 일본 등에서는 이날(일본은 양력 7월 7일) 전통 행사를 지낸다.

칠석날 저녁에 은하수의 양쪽 둑에 있는 견우성(牽牛星)과 직녀성(織女星)이 1년에 한 번 만난다고 하는 전설에 따라 별을 제사 지내는 행사다. 옛날에 견우와 직녀 두 별이 사랑을 속삭이다가 옥황상제의 노여움을 사 1년에 한 번 칠석 전날 밤에만 은하수를 건너 만나게 됐다는 전설이 있다. 이때 까치와 까마귀가 날개를 펴서 다리를 놓아 견우와 직녀가 건너는데, 이 다리를 오작교(烏鵲橋)라고 한다. 칠석은 대개 더위도 약간 가시고 장마도 보통 지난 시기인데, 이때 내리는 비를 칠석물이라고 하여 견우와 직녀의 눈물이라고 여겼다. 이 시기에는 호박이 잘 여물고 오이와 참외가 많이 나오므로 민간에서는 호박부침을 만들어 칠성님께 빌었다.

이날은 풍물굿을 벌이기도 하고, "이별이 너무 길다. 슬픔도 너무 길다" 하며 남북으로 나뉜 채 수십 년을 살아온 민족의 화합을 위해 목 터지게 노래를 부르기도 했다.

도민을 위한 중양절 단풍놀이

음력 9월 9일은 3월 삼짇날 왔던 제비가 강남으로 돌아간다는 중양절이다. 전라세시풍속보존회는 매년 이 절기를 맞아 축제를 펼쳤다.

전주 덕진공원 일원에서 펼쳐진 이 축제는 예로부터 전해오는 노인잔치와 함께 국화주 및 국화전을 나누어 먹던 선조들의 흥취를 고스란히 재현해보는 자리였다. 중양절 잔치의 대표 음식은 국화잎을 살짝 얹은 국화전, 노란 국화 꽃잎을 띄워 만든 국화주다. 축제는 중양절 음식과 제물을 놓고 제사를 지내고 풍물놀이를 펼친 뒤 일반인과 학생들의 국화전 부치기 경연대회와 함께 시작됐다. 가을의 전령인 들국화, 쑥부쟁이, 구절초, 노란 감국으로 삼짇날의 진달래처럼 화전을 부치는 것이다.

그런데 재미난 일이 벌어졌다. 화전놀이가 오랫동안 이어지지 않고 단절되다 보니 학생들은 야생 국화를 가지고 와서 국화전을 부치는데, 일반인은 꽃집에서 큰 국화꽃을 사다가 국화전을 부치는 촌극이 벌어진 것이다.

옛 선인들의 아름다운 풍습을 직접 재현해보고 계승하기 위해 마련된 이날 행사는 시를 짓고 풍월을 읊던 옛사람의 정취와 국화전, 유자채, 유자절임 등 잊혀가는 절기 음식을 맛볼 수 있는 시연 행사 등으로 꾸며졌다.

그 밖의 축제

양력 12월 22경에 찾아오는 동짓날에는 전주 객사에서 동지 팥죽을 나누어 먹었고, 2월 14일 밸런타인데이에는 임실 삼계엿을 사다가 코아백화점 앞에서 나누어 먹으며 우리 민족의 아름다운 풍속을 이어가고자 했다. 그런데 “엿 드세요” 하고 건넬 때 받는 사람도 주는 사람도 어색했던 촌극, 그 촌극이 보존하고 지켜 나가야 할 우리 민족의 축제라고 여기기 때문에 가능했던 행사였다.

05

동학의 지도자 김개남, 손화중 장군 추모비를 세우다

● 신정일(사단법인 우리 땅 걷기 이사장)

대다수의 사람들은 동학 하면 '녹두장군 전봉준'과 〈파랑새〉를 떠올릴 것이다. 그것은 전봉준의 이미지가 너무 강해서일까? 아니면 동학농민혁명 전 과정 중에 보여준 그의 행적과 공초에서 보여준 그의 당당함과 용기 때문일까?

동학농민혁명은 전봉준과 손화중, 김개남 그리고 수많은 사람에 의해 진행된 역사적 사건이었음에도 사람들은 무명의 동학농민혁명군이나 동학농민혁명의 주력이었던 손화중포 그리고 남접(南接) 중심의 동학군 전체 전투력 가운데 가장 날카로운 힘을 가진 최정예부대로 알려졌던 김개남포에 대해서는 제대로 알지 못하면서 한 사람만을 영웅시하는 그 풍조에 물이 들어버린 것은 아닐까?

김개남 장군 추모비를 덕진공원에 세우다

그런 의문점에서 출발해 시작한 것이 1992년 4월 김개남 장군 추모사업회였다. 황토현문화연구소가 주축이 되고 온다라미술관과 김개남 장군 유족 그리고 각계 인사가 모여 추모사업회를 결성하고 강희남 목사를 사업회 회장으로 선임했다.

그때 열성적으로 참여했던 사람들이 우리약국의 서지영 약사와 전북대학교 사회학과 정학섭 교수, 정강우 무당, 조성룡 선생을 비롯한 황토현문화연구소 회원이었다. 그해 11월 김개남 장군 추모비를 세우기로 하고 5월에 전북대학교 앞에 있는 당신들의 천국에서 1일 주막을 열고, 티셔츠를 만들어 팔아 기금을 마련했다. 그해 9월 23일에는 전북대학교에서 동학혁명과 우리 음악을 주제로 음악회를 열었다. 24일에는 역사문제연구소 이이화 소장을 초청하여 동학혁명과 김개남 장군에 관한 학술강연을 들었다. 또 전주 대성화랑에서 화가 박민평 등 중진 작가 20여 명이 참여한 가운데 김개남 장군 추모사업회 기금 마련을 위한 전시회를 개최했다.

김개남 장군 추모사업회의 지속적이고 열성적인 활약으로 추모비가 건립된 것은 1994년 5월이다. 그해 4월 모든 준비가 끝나 최종 추모비 건립 장소가 전주 덕진공원으로 확정됐다. 그런데 추모비문을 누가 쓸 것인지가 문제였다. 그때 1991년 여름 '갑오농민의 혼이여, 타올라라 통일의 불길로'라는 제5회 여름문화마당의 주제 강사였던 김남주 시인이 당신들의 천국을 자주 오셨다. "신영복 선생이 쓰면 좋겠습니다. 내가 연락하지요." 곧바로 김남주 시인이 전화를 했고, 신영복 선생으로부터 비문을 써주겠다는 연락이 왔다. 이것이 〈개남아, 개남아, 김개남아〉라는 추모비문을 신영복 선생이 쓰게 된 경위다.

1993년 5월 22일 나는 서울에 갔다. 5월 30일 덕진공원에 세우기로 한 김개남 장군 추모비문이 완성됐다는 연락이 왔기 때문이다. 전날 밤 나는 무던히도 잠을 설쳤다. 처녀가 시집가기 전날 밤이 그렇게 길었을까? 나는 몇 번이고 깨고 또 깼다. 새벽 첫차를 타고 서울로 갔고, 친구 최대길과 함께 목동에 있는 신영복 선생 댁에 갔다.

목동의 한 아파트에서 신영복 선생이 손수 끓여준 커피 한잔을 마시던 중 그가 물었다. "요즘 김지하 선생님의 근황은 어떤지요?" 나는 잘 모르겠노라고 말했다.

신영복 선생의 집에서 이이화 소장께 전화를 했다. 역사문제연구소로도, 집으로도 연락이 닿지 않았다. 난처했다. 만나고 가야 하는데…. 그러자 친구가 근처에 파리공원이라고 있으니 거기 가서 잠시 쉬었다 다시 전화를 하자고 제안했다. 그래서 간 곳이 파리공원이었다.

이름 그대로 현대식 공원 파리공원을 돌아다니고 있는데, 먼 곳에 초라한 차림의 남자가 문득 눈에 띄었다. 가까이 다가가보니 줄담배를 피우는데, 자세히 보니 김지하 선생의 얼굴을 닮았다. 나는 세 번을 바라보고서야 이방인처럼 앉아 있는 그가 바로 김지하 시인임을 알아보았다.

"저 혹시 김지하 선생님이시지요?"

"예, 그렇소."

"저는 선생님의 시를 무척이나 좋아하는 사람이고 황토현문화연구소라는 단체의 대표인 신정일입니다. 다음 주 5월 30일 김개남 장군 추모비를 전주 덕진공원에 세우는데 신영복 선생님의 글씨를 받으러 왔던 길입니다."

그는 내 말이 끝나기도 전에 내 손과 어깨를 꼬옥 잡았다.

"참으로 좋은 일이요. 잘한 일이요. 여기 앉아요."

그곳에서 나는 친구와 함께 앉아 김개남포에 얽힌 이야기와 동학의 전반에 걸친 여러 가지 이야기를 들었다.

김지하 시인이 그때의 상황을 회고한 글을 보자.

생각해보니 그와의 만남 자체가 그랬다. 10여 년 전이던가, 그 이후이던가, 바람 부는 날, 서울의 양천구 목동에 있는 파리공원이었다. 벤치에 앉아 있는데, 웬 젊은이가 앞에 와 인사한다. 누구냐니까 황토현문화연구소의 신 아무개라고 한다. 동학과 전라도를 앞세우는데 서먹서먹할 까닭이 없었다.

그날 우리는 김개남, 손화중, 전봉준에 관하여 혁명과 봉기의 관계나 이념이나, 수양이나, 조직이 혁명에서 얼마나 중요한가에 대하여, 그리고 지금과 같은 전라도의 동백사업이 왜 문제투성이인지에 대해서 격의 없이 깊은 곳까지 들어가 주고받았다. 중요한 것은 그의 발언이나 주장이 그때 이후 지금까지 크게 달라진 것이 없는데도 그 토막토막이 모두 다 항구적인 진정성을 갖고 있다는 점이다.

애당초부터 그가 발로 탐구하기 때문에 유지될 수 있는 불변성이다. (…) 철저히 리좀, 뿌리 모양으로 이루어진 그의 글은 그가 수많은 민족민중사상가들이 유령이 되어버린 지금, 가장 현장적이고 집요한 민족민중사상가로서 현존하는 이유를 설명해준다. 그렇다. 나는 그를 '삼남 일대를 걸어 다니며 발로 쓰는 민족민중사상가'라고 부른다.

그날 나는 김지하 시인으로부터 전봉준, 손화중, 손병희로 이어지는 동학은 농민혁명이 끝나면서 막을 내리고 온전히 동학정신이 살아남은 것은 김개남포였다는 이야기를 들었다. 그리고 가는 곳마다 파죽지세로 점령하고 무서운 혁명적 열기로 사방을 제패했으며 지리산을 넘어 하동, 진주까지 진출했던 김개남의 잔존 세력이 농민혁명이 끝난 후 지리산으로 숨어들었다는 이야기도 들었다. 그들이 결국 1차, 2차, 3차 지리산 의병전쟁의 주역이 되고 진주 형평사운동과 고려공산당을 세운 김단야로 그리고 민족민중운동의 중심 세력으로 오늘날까지 면면히 이어져왔다는 이야기를 두 시간이 넘도록 들었다.

김지하 시인은 나와 이야기를 하던 중에 줄잡아 담배를 두어 갑은 피웠을 것이다. 그 뒤 일산 자택으로 찾아갔을 때 집안 이곳저곳에 널려져 있던 담배 개비를 보고서야 김지하 선생이 얼마나 담배 애호가였는지를 알 수 있었다.

앙드레 지드의 작품《지상의 양식》에서 "모든 행복이나 불행은 '우연히 마주치는 것'이어서, 네가 길에서 만나는 거지처럼 '순간마다 그대 앞에 나타난다'는 것을 어찌하여 깨닫지 못했단 말인가"라는 구절을 절절하게 실감했던 날이 바로 그날이었다. 그래, 어떻게 우리가 미래를 예측할 수 있단 말인가. 산책 나와 있던 김지하 시인을, 그것도 김개남 장군 추모비를 세우는 데 결정적 역할을 했던(남녘 땅 뱃노래를 읽으며 김개남 장군 추모비 세울 생각을 했다) 그를 그렇게 만날 줄이야.

얘기를 마무리할 즈음 김지하 선생은 전화번호를 적어주셨다. "장모님(소설가 박경리)이 김개남 장군의 영원한 팬이요.《토지》의 전편에 나오는 김개주가 그분이요. 장모님이 알면 무척 기뻐할 것이요. 오늘 밤에라도 원주로 전화해주시요."

김지하 선생의 말에 전주에 도착하자마자 원주에 있는 박경리 선생 댁으로 전화를 했다. 이러이러한 일로 서울에 가서 우연히 김지하 선생을 만났고 박경리 선생께 전화 드리게 됐다고 했다. "잘한 일이여. 내가 통영에서 어린 시절을 보내며 김개남 장군에 대한 이야기를 얼마나 많이 듣고 자랐다고. 그래서《토지》에 그 양반을 김개주라는 이름으로 썼지. 김개남 장군은 세계적인 혁명가야. 내가 그래서 후배들을 만날 때마다 그 양반에 관한 글을 쓰라고 해도 안 쓰잖아.《토지》끝내고 나면 전주에 한번 갈게."

들뜬 그 목소리, 나이가 전혀 느껴지지 않는 그 목소리에 실려 있는 기쁨의 빛이 아련하게 멀어져갔다. 그날 나는 내가 존경하는 세 분과 불과 몇 분 차이,

몇 시간 차이로 조우했다. 더구나 신영복 선생을 통하여 들었던 김지하 선생과 선생의 장모이자 한국 문학사상 길이 남을 《토지》의 작가인 박경리 선생과 기이한 인연으로 한 시간 남짓 통화를 하는 영광을 누렸다. 전화를 끝내자마자 그날 하루가 활동사진처럼 내 머리를 스치고 지나갔다.

그날의 인연을 다시 불러낸 것은 신영복 선생이었다. 당신이 쓴 글씨를 찾아 답사를 다니고 《경향신문》에 연재를 하던 중이었다. 김개남 장군 추모비를 답사하던 중 김남규 전주시의원을 통해 나의 존재를 알게 된 것이다. 2012년 5월에 펴낸 《변방을 찾아서》라는 책 112쪽에 그 당시의 상황이 다음과 같이 실려 있다.

> 김개남 장군 추모비가 있는 덕진공원은 전북대학교에서 도보로 10분 거리에 있다. 자연석 추모비는 이끼가 돋고 비바람에 바래어 글씨가 얼른 눈에 띄지도 않았다.
> 〈개남아, 개남아, 김개남아〉라는 비문에서 역시 누군가의 목소리가 들려오는 듯하다. 이 글귀는 역시 "새야 새야 파랑새야"라고 함께 불리었던 "개남아 개남아 김개남아, 수천 군사 어디 두고 짚둥우리가 웬 말이냐"라는 노래의 1절이다.
> 비문 글씨도 식별이 어려울 정도였지만 사실은 그 글씨를 부탁한 사람을 내가 기억하지 못하고 있었다. 김남규 시의원이 찾아온 그 당시의 기록을 보고 나서야 그 전후 사정을 자세히 알 수 있었다. 나에게 글씨를 부탁한 사람은 《신 택리지》의 저자인 향토문화연구회(황토현문화연구소)의 신정일 선생이었다. 물론 김남주 시인이 작고해서 연결고리가 끊겼기 때문이기도 하지만 1993년에 목동의 우리 집에서 커피까지 함께 마셨음에도 불구하고, 그리고 얼마 전에 그의 저서

《택리지》를 읽었음에도 불구하고 그것을 까맣게 잊고 있었다.
이 자리를 빌려 양해를 구한다. 그날 이이화 선생께 전화를 걸었으나 연결이 되지 않았던 것까지는 기억이 되살아났다. 인연이란 참으로 우연처럼 다가오는 것이다. (…)
우리가 기억하는 것은 강물의 표면에 투영된 그림자에 지나지 않는 것인지도 모른다. 무심히 흘려보내고 있는 수많은 사연들에 생각이 미치면 우리들 자신이 마치 강물에 떠내려가는 한 잎 낙엽이 된다. 생각하면 우리의 삶이란 인연이면서 우연이고, 우연이면서 또한 필연인지도 모른다. 우리들이 살아가면서 엮는 사람들과의 인연이 그렇거든, 하물며 역사의 인연이야 오죽하랴, 거대한 산맥이 서로 밀고 당기듯 그 우람한 역사의 인연은 운명이라고 할 수밖에 없지 않을까.

고창에서, 김지하 시인, 전인삼 명창, 김판용 시인, 오재성 판사, 조용헌 교수, 박맹수교수, 신정일 소장

1993년 5월 오래도록 준비했던 김개남 장군 추모비를 전주 덕진공원에 세웠고, 기념사진을 찍었다. 역사문제연구소 이이화 소장, 강희남 목사, 남도의 시인 김준태, 김남주, 노동자 시인 김기홍, 오송회 사건 조성룡 선생, 서지영, 노병관, 이희태, 전주방송총국의 김정기 피디, 전북대학의 정학섭, 이종민, 서울대학 교수로 간 박명규, 온갖 심부름을 열심히 했던 사회학과 조교 손현주, 동학기념관장 이윤영, 김개남 장군의 고손녀 부부와 황토현문화연구소의 김판용, 김송영, 주량거, 오현신, 김홍선, 최효옥, 오현미 그리고 어린 아들 신선한, 신하늬 등이 흐린 사진 속에 남아 있다.

사진 속의 강희남, 김남주, 이이화, 김기홍 등은 작고했으며, 지금도 살아 있는 사람들은 이런저런 일로 서로 만나며 살고 있으니 역사는 산 자의 것인가, 죽은 자의 것인가.

작고한 역사학자 이이화, 우윤과 함께 김개남 장군 추모비를 세우고

《사람과 산》에 <동학의 산, 그 산들을 가다>를 연재하다

김개남 장군 추모사업회를 만들어 활동하던 중에 나에게 글을 쓸 수 있는 일생일대의 기회가 왔다. 동학농민혁명 100주년인 1994년을 앞두고 고흥에 거주하는 장효준 시인의 추천으로 《사람과 산》이라는 잡지에 '동학의 산'에 대한 연재를 시작할 수 있게 됐다. 그리고 그때 내 인생에 또 한 사람의 중요한 사람을 만나게 됐다. 《사람과 산》의 편집장인 박기성이다. 고흥에서 태어난 그는 서울대학교 국사학과를 나와 대한항공에 입사했다가 산이 좋아 그 좋은 작장을 때려치우고 《사람과 산》 편집장을 맡고 있었다. 그는 법 없이도 살 만큼 심성이 곱고 올곧은 사람이었다. 그때 박기성 편집장이 내려오면 자주 만났던 사람이 원광대학에 있다가 지금은 문필가로 활약하는 조용헌 선생과 전주지법의 오재성 판사(현재 전주지방법원장), 유종완 검사 등이었다. 이 땅의 역사와 문학에 대한 열정이 깊었던 그들과 이 산 저 산을 오르며 나누는 이야기와 동학의 역사를 풀어 쓰던 연재는 매달이 전쟁이었다. 하지만 《사람과 산》이 없었다면 바라만 보고 오르지 않았을 산을 오르며 나는 다시금 산을 사랑하고 산을 바라보는 법을 배웠다. 이름도 없는 작은 산자락 아래 얼마나 많은 사람이 살다 갔고 알려지지 않은 문화와 역사가 숨겨져 있었던가.

그렇게 시작된 동학을 주제로 한 산행이 《동학의 산 그 산들을 가다》라는 책으로 나온 뒤, 다시 유적 답사 산행으로 이어졌고, 《신 택리지》를 쓰는 데도 큰 역할을 했다.

손화중 장군 추모비를 덕진공원에 세우다

김개남 장군 추모비를 세운 다음 해인 1995년에 다시 동학의 지도자인 손화중 장군 추모사업회를 결성했다. 그리하여 1998년 11월 7일, 전주 덕진공원

김개남 장군 추모비(상), 손화중 장군 추모비(하)

내 전봉준 장군 동상과 김개남 장군 추모비 부근에 손화중 장군 추모비를 세울 수 있었다. 동학농민혁명을 이끈 전봉준, 김개남, 손화중 세 명의 지도자가 100여 년의 세월이 지나서 다시 기념물로 만난 것이다.

전봉준 장군의 동상과 기념물은 여러 곳에 있지만 김개남과 손화중 장군 추모비가 있는 곳은 이곳이 유일하다. 황토현문화연구소가 주축이 되어 추모사업회를 발족한 지 3년 만에 어렵게 건립했다. 강희남 목사와 정읍문화원장 최현식 선생 두 분이 공동 회장이 되어 건립한 손화중 장군 추모비는 장수군 번암면에서 가져온 자연석에다 앞쪽에는 '사람이 한울이다'라는 글씨를 서예가 여태명의 민체로 새겼고, 뒤쪽에는 추모의 글을 적었다.

손화중은 1982년 조선 왕조의 패망 설화가 전해지던 고창 선운사 도솔암 마애불의 배꼽에 있던 비결을 꺼낸 사람으로, 혁명이 일어나기 전부터 민중의 열띤 지지를 받았다. 무장 대접주로 활약하며 남접의 중심 세력을 이끌었던 그는 전봉준, 김개남과 함께 1894년 3월 무장봉기를 일으켰고, 일본군의 나주 상륙에 대비해 나주성 공략에도 힘을 쏟았다. 대세가 기울어 고창군 부안면에서 은거하다 관군에 붙잡혀 이듬해 3월 서른다섯 나이에 교수형으로 생을 마감했다.

전봉준과 손화중, 김개남 세 사람의 중지가 모였으므로 동학농민혁명이 완성됐고, 100여 년의 세월이 흐른 뒤 덕진공원에 동학농민혁명 지도자 세 명이 삼각 꼴을 이루며 모인 것이다.

06

폭포 같은 소리 한바탕에 들녘도 '들썩': 최동현 군산대 교수 꼼꼼한 해설 곁들인 '소리 고향' 찾기 남녘 기행

(황토현문화연구소 '판소리 동편제' 답사 참관기, 《한겨레》 1995년 10월 5일 자)

● 정재숙(전 기자, 전 문화재청장)

지난달인 1995년 9월 30일 오후 2시께, 전주실내체육관 앞에서 버스 한 대가 길을 떠났다. 황토현문화연구회(회장 신정일)가 꾸린 남녘 기행 '판소리의 맥을 찾아서: 동편제' 답사반이다. 해설을 맡은 최동현(43·군산대학 국문학) 교수는 지난 10여 년간 다리품을 모질게 팔며 전라도 일대의 판소리 흔적을 뒤져온 소장학자다. 참가자들은 주최 쪽이 미리 나눠준 소책자를 뒤적이며 최 교수의 설명에 귀를 기울였다.

"동편제, 서편제로 판소리의 유파를 가르지만, 현대에 들어오면서 그 구분은 의미가 없어졌습니다. 흔히 섬진강을 중심으로 동쪽 지역인 남원·순창·곡성·구례에 전승된 '제'를 동편제, 서쪽 지역인 광주·나주·담양·보성 등지에 내려온 소리를 서편제라 하지만, 교통이 발달해 소리꾼들이 두 지역을 오가며 공부하고 난 뒤로는 설득력을 잃은 거지요." 영화 〈서편제〉의 영향으로 사람들이 판소리의 '제'에 일가견을 갖게 된 것은 반갑지만 설익은 상식 수준이라는 얘기다.

"판소리는 전승예술입니다. 사람이 하는 소리라 땅속에 박혀 있는 게 아니고 사람 따라 소리길이 나는 것이지요. 따라서 누구에게 배웠느냐, 어느 명창의 소리를 잇고 있느냐가 중요합니다. 판소리가 계속 부흥했더라면 새로운 '제'가 생겼겠지만, 지금은 사멸지경이라 할 수 없이 옛 틀을 빌려 그저 편의상 부르고 있는 셈입니다."

강의를 듣는 사이 버스는 〈춘향가〉의 탄생지 광한루에 들어섰다. 이 도령과 성춘향의 애절한 사랑 이야기가 서린 뜰을 둘러보며 한숨 돌리자 최 교수가 동·서편제의 내력을 야무지게 마무리한다.

"결국 '제'의 구분은 부르는 이의 개성, 소릿결을 따라가는 겁니다. '가왕'이라 불렸던 송흥록 가문의 송만갑으로부터 흘러내린 남성적인 소리를 동편제, 박유전·정정렬·박동실로 이어지는 여성적인 소리를 서편제라 할 수 있습니다."

씩씩한 가락이라 풀 수 있는 '우조'에 감정을 절제하며 가성을 쓰지 않고 뚝

동편제의 마지막 명창 강도근과 정회천 선생

뚝 끊는 '대마디 장단'이 동편제의 특성이라면, 서편제는 슬픈 가락인 '계면조'에 발성의 기교를 중시하고 축축 늘어지면서 세련된 '엇 부침 장단'을 쓴다는 것이다. 이를테면 춘향과 이 도령의 이별 장면을 부를 때 서편제는 울며불며 목을 '떨어쌓는' 데 반해, 동편제는 도끼로 장작 패듯 뻣뻣하게 통성으로 내지른다는 것이다. 짧아진 가을해가 뉘엿해지자 버스는 답사 객들이 하룻밤 묵을 '흥부마을'로 머리를 틀었다. 운봉읍 화주리에 있는 송흥록의 생가 터를 거쳐 남원시 동면 성산마을회관에 이르러 소년 명창 유기영(남원초등학교 4)과 소녀 명창 김선영(전남대학교 국악과 2), 김미영 · 최현주(한남여고 1)가 부르는 〈흥보가〉 중 한 대목이 흥취를 돋우자 답사 객들은 '허이', '얼쑤', '암먼', '좋지' 등 절로 나는 추임새로 우리 소리의 맛에 빠져들었다.

10월 1일 답사 일정의 이튿날은 지리산국립공원 구룡분소에 있는 '춘향지묘' 참배로 시작됐다. 이름난 폭포 밑에서 득음을 위해 백일독공을 했다는 수많은 소리꾼의 일화를 들으며 용소에 세워진 '국창 권삼득 유적비'를 둘러보던 답사 객들은 바람소리, 물소리를 벗해 '소리의 도'를 구하던 조상들의 마음을 느낀 듯 숙연해졌다.

강도근 명창으로부터 동편제의 맥을 잇는 젊은 소리꾼 전인삼(33·남원도립국악원 교수) 씨와 합류한 답사 일행은 구례군 마산면에 있는 '국창 송만갑 추모비'를 거쳐 남한 3대 길지의 하나라는 구례군 토지면 오지리의 마을 정자에 들어 걸쭉한 소리판을 벌였다. 툭 터진 자연을 배경으로 전씨가 〈흥보가〉 중 '흥보 매 맞는 대목'을 풀어놓자 동편제 답사 기행은 절정에 이르렀다.

"아이고, 형님! 비나니다. 인명이 재천이라 설마한들 죽사리까마는, 여러 끄니를 굶어노니 하릴없이 죽겄내다. (…) 세세원정을 아로련마는 어찌하여서 못 죽는가?" 피를 토하듯 소리를 뽑어 올리는 전 씨의 열창에 오지리 들녘이 그득 차오르며 들썩했다.

07

남도 가락이 살아난다, 판소리 서편제 기행: 서편제 원류를 찾는 소리 기행 '제월당에서 고창읍성까지'

● 송현순(《한겨레》 기자)

1995년 10월 21일 5시께 광주 광산구 남면 지석리(일명 지실마을) 소쇄원 제월당에서 난데없이 단가 한 자락이 울려 퍼진다. "이 산 저 산 꽃이 피니 / 분명코 봄이로구나 / 봄은 찾어 왔건마는 / 세상사 쓸쓸허드라" 영화 〈서편제〉에서 유봉(김명곤 분)이 불러 대중에게 이미 널리 알려진 〈사철가〉다. 북을 잡은 고수가 연신 추임새를 넣고 정자 앞에 늘어선 40여 명의 사람도 '얼쑤', '조오타', '그렇지' 등의 추임새를 넣으며 어깨를 들썩인다. 조선 시대 민간 정원의 원형을 가장 잘 간직하고 있다는 소쇄원 구경을 나온 사람들이 덩달아 모여든다. 어느새 기운 해가 정자 한구석을 어스름하게 비추고 광풍각, 제월당 등 정자와 죽림, 노송, 단풍나무 등의 원림 사이로 〈사철가〉가 퍼져 나간다.

제월당에서 울려 퍼지는 〈사철가〉

이곳은 황토현문화연구소(소장 신정일)가 마련한 서른세 번째 답사여행 첫 번째 답사지다. '판소리의 맥을 찾아서'라는 제목의 소리 기행으로는 2주 전 동편제 기행을 마무리하는 자리기도 하다. 판소리 가락을 싣고 황금빛 들녘을 두 시간 동안 달린 사람들은 벌써 강사인 최동현 씨로부터 판소리에 대한 대강의 설명을 들은 터다.

지난 10여 년간 전라도 일대의 판소리 흔적을 뒤지고 다닌 최씨는 어느새 북장단에 익숙해져 웬만한 소리꾼의 고수 노릇을 척척 해낸다. 이번 답사여행지 곳곳에서 소리를 들려줄 소리꾼은 명창 박동실과 함께 소리꾼들을 가르치며 판소리 중흥에 힘쓴 인물이다. 그 자신은 거문고 명인 백낙준으로부터 직접 거문고를 배워 한갑득에게 전해 거문고 산조의 산실로도 일컬어진다. 한애순, 김소희, 한승호, 북 치던 김동준, 월북한 임소향 등 유명한 소리꾼이라면 안 거친 이가 없을 정도다. 유래 깊은 곳인데도 집터와 정자만 흉물스러운 몰골로 남아 있을 뿐이다.

분단의 상처는 판소리사에 빼놓을 수 없는 소리꾼의 자리까지 공백으로 남겨놓았다. "이곳이 박동실이 소리꾼들을 가르친 곳이라서 제대로 보존이 안 되는 것 같아요. 월북한 소리꾼 박동실은 해방 뒤 창작 판소리인 〈열사가〉(이준, 안중근, 유관순, 윤봉길 등과 이순신 장군의 일대기를 노래)를 만든 데서도 보이듯 상당히 깨인 소리꾼이라고 할 수 있지요. 하지만 월북해 인민배우 칭호까지 받아서인지 드러내놓고 박동실에게 배웠다는 사람이 없었습니다. 박동실의 제자로 오직 그의 소리만 불러온 한애순 씨가 전북 무형문화재로 지정돼 있는 정도지요." 대나무 숲 사이로 멀리 모습을 드러낸 무등산 꼭대기가 과거의 경치를 짐작하게 할 뿐이다.

보성 소리 서편과 동편의 가락이 모이다

어둑어둑해져가는 식영정에서 단가 한 자락을 듣고 선암사로 향했다. 여장을 풀 선암사로 가는 길에서도 최씨의 강의는 이어진다. “판소리란 소리가 먼저지요. 동편제니 서편제니 하는 건 소리하는 사람들의 특징을 뽑아서 보니 그렇더라는 겁니다. 그러니 누가 ‘저 사람은 서편제요, 동편제요?’ 하고 물으면 난감해져요.”

요즘에 세력이 큰 소리는 동편제니 서편제니 하는 유파에 충실한 것보다는 두 가지 소리를 고루 잘하고 거기다 새로운 맛을 더하는 사람이다. 김소희가 서편제 소리로 시작했지만 나중에 동편제 소리를 배우고 나서 그 맛이 더해진 것과 같은 이치다. 소리 기행 곳곳에서 만나는 명창들은 대부분 한 명의 스승에게서 배운 것으로만 끝나지 않는다. 보성 소리의 창안자라는 정응민은 서편제 소리꾼 정재근으로부터 〈심청가〉, 〈수궁가〉, 〈적벽가〉 등을 배우고 난 뒤

군산대 최동현 선생과 함께한 서편제 기행

동편제 소리꾼 김창업으로부터 〈춘향가〉를 배운다. 그래서 서편제의 새로운 특징을 더해서 만들어진 것이 보성 소리다. 보성 소리처럼 동편과 서편의 특징을 합한 소리가 요즘 들어 강력한 세력을 형상한다는 게 최씨의 설명이다.

답사 여행은 숙소에 도착한 뒤 김연 씨가 곱게 한복을 차려입고 〈심청가〉를 부르면서 절정에 이른다. "산천에 올라가 고이 안정한 연후에 평토제를 지내는디 심 봉사가 이십 후의 맹인이라." 심 봉사가 곽씨 부인을 묻고 심청을 안고 젖동냥하는 대목이 구슬프게 울려 퍼진다. 서편제 기행이라지만 동편제 소리꾼이 빠질 수 없다. 숙소에는 강도근 명창으로부터 동편제 소리의 맥을 잇고 있는 젊은 소리꾼 전인삼(33 · 도립국악원 교수) 씨가 부르는 〈적벽가〉가 우렁차게 울려 퍼진다.

옛날이야기 하나도 빠질 수 없다. 옛날에는 소리꾼을 만나면 반드시 묻는 말이 있었다. "〈적벽가〉 부를 줄 아십니까?" 모른다는 말이 나오면 다시 묻는다. "자네 〈수궁가〉는 부를 줄 아는가?" 또 모른다는 말이 나오면 "너 〈심청가〉는 부를 줄 아냐?"로 말이 변한다. 〈적벽가〉에 대한 자부심이 밴 이야기다. 삼국시대 중국을 호령한 조조를 전쟁에서 패하고 말아 말까지 거꾸로 타는 촌스러운 모습으로 그린 해학에 귀명창들은 자지러지도록 웃는다. 하지만 장단이 어려워 쉽게 추임새 넣을 곳을 찾지 못한다.

이튿날 전날의 강의에서 들은 명창들의 생가나 기념비를 찾아본다. 보성군 대야면 강산리는 강산 박유전이 1835년부터 1906년까지 살았던 곳이다. 이곳도 흥부마을처럼 장흥 강산리와 보성 강산리 간에 서로 '진짜'라며 싸우는 곳이다. 조선 후기 명창이자 서편제 소리의 창안자인 박유전은 대원군으로부터 "네가 제일강산이다"라는 말을 들어 호가 강산으로 정해졌다고 한다. 우연히 그가 살았던 동네도 강산리다.

명창들의 생가와 소리비를 찾아서

이곳에는 영화 〈서편제〉의 원형인 이청준의 소설 《남도사람들》에 나오는 소리재가 있다. 보성군 회천면 벽교리, 송계 정웅민의 집과 기념비가 있는 곳이다. 기품 있고 성음이 분명하고 가슴 한복판에서부터 내지르는 힘 있는 소리가 특징인 강산제는 고음이 나지 않는다는 특색을 갖고 있다. 그의 문하생들은 박춘성, 김연수, 정권진, 조상현, 성문향, 성창순 등으로 이어진다.

〈홍보가〉 중 '제비노정가'를 만든 김창환의 소리비, 그의 외조카인 국창 임방울의 소리비를 거쳐 신재효의 고택이 있는 전북 고창읍성으로 가면 서편제 소리 기행은 마무리되고 복잡한 서편제 계보는 완성된다. 논문을 준비하는 대학원생이나 부모를 따라온 어린애들, 흰머리 희끗희끗한 할아버지까지도 내년을 기약한다. 소리가 주는 마력이이라.

08

세계 최초의 공화주의자 정여립을 재조명하기 위해 대동사상기념사업회를 만들다

● 민승기(우리 땅 걷기 사무총장)

전주의 초입에 혁신도시가 들어섰고, 큰 도로의 이름이 '정여립로'다. 조선의 사상가이자 혁명가인 정여립의 이름을 딴 길 이름이다. 그렇다면 그 길의 주인공 정여립은 누구인가? 영국의 혁명가 올리버 크롬웰이 청교도혁명으로 공화주의를 주창했던 1649년보다 60년 앞선 1589년에 세계 최초로 공화주의를 주창한 사람이다.

'천하는 공공한 물건이지 어디 일정한 주인이 있는가?'라는 '천하공물설'을 내걸고 혁명을 꿈꾸었던 그는 '조선 최대 역모사건의 주인공'이라고 평가받기도 하지만, 시대를 앞서간 선각자이자 동시에 대사상가라는 상반된 평가도 받는다.

조선의 4대 사화인 무오사화, 기묘사화, 갑자사화, 을사사화보다 더 많은 사람이 희생된 기축옥사의 주인공인 정여립은 전주시 남문 밖에서 태어났다고 알려져 있다. 한글학회에서 펴낸 《한국지명총람》에는 전주시와 완주군의 경계에 있는 완주군 상관면 색장리에서 태어났다고 나오고, 그가 살았던 곳의 변천사를 다음과 같이 소개했다.

파소: 아랫대건네와 웃대건네 사이에 있는 소. 정여립의 집터를 파서 만들었다고 함.

파소들: 파소 북쪽에 있는 들.

파소봉: 파소 동쪽에 있는 산.

파소모랭이: 아랫대건네와 웃대건네 사이에 있는 모롱이.

반역자의 집터라서 만경강 물을 끌어들여 '파소'를 만들었던 그의 집터는 사라지고, 파소봉만 남아 역사를 증언해주다가 2021년에 정여립 공원이 만들어졌다.

경사(經史)와 제자백가(諸子百家)에 통달했던 정여립은 1570년(선조 3) 식년 문과에 을과로 급제하여 이이와 성혼의 문인이 됐고, 1583년 예조좌랑을 거쳐 이듬해 수찬으로 퇴관했다.

본래 서인(西人)이었던 정여립은 이이가 죽자 동인(東人)으로 돌아섰고, 이이와 박순 · 성혼 등을 비판하여 왕이 이를 불쾌히 여기자 벼슬을 버리고 모악산 자락 금구로 낙향했다. 고향에서 점차 이름이 알려지자 새로운 세상을 만들기 위해 진안 죽도에 서실을 지어놓고 대동계를 조직, 신분에 제한 없이 불평객을 모아 무술을 단련시켰다.

1587년 양명학자였던 전주부윤 남언경의 요청으로 손죽도에 침입한 왜구를 격퇴한 뒤 대동계 조직을 전국으로 확대, 황해도 안악의 변숭복, 해주의 지함두, 운봉의 승려 의연 등의 기인모사를 거느리고 《정감록》의 참설(讖說)을 이용하는 한편, 망이흥정설(亡李興鄭說)을 퍼뜨려 민심을 선동했다.

1589년(선조 22) 거사를 모의하고 반군을 서울에 투입하여 일거에 병권을 잡을 것을 계획했다. 이때 안악군수 이축과 황해감사 한준 등이 이 사실을 고변하여 관련자가 차례로 잡히자 정여립은 아들 옥남과 함께 진안 죽도로 도망하여 숨었다가 관군의 포위 속에 잡혀 죽었다. 그의 죽음을 두고 서인은 역모가 발각되자 자살했다고 했고, 동인은 서인이 때려죽이고서 자살설을 퍼뜨렸다고 믿었다. 그리하여 지금까지도 의문사로 남아 있는 것이 정여립의 죽음이다.

이 사건으로 동인에 대한 박해가 시작되어 1000여 명의 지식인이 희생됐고, 기축옥사가 일어났다. 그때의 상황이 유성룡이 지은 《운암잡록》에 다음과 같이 실려 있다.

처음에 임금이 그를 체포하러 가는 도사(都事)에게 밀교를 내려, 여

완주군 상관면 생가터에 세워진 정여립 공원

립의 집에 간직되어 있는 편지들을 압수하여 대궐 내에 들이게 했다. 그래서 평소 여립과 친근하게 지내며 편지를 주고받은 자는 다 연루를 면치 못하고 죄를 얻게 된 사류(士類)가 많았다.

그중에 고문을 받고 죽은 자는 전 대사간 이발, 이발의 아우 응교 이길, 이발의 형 전 별좌 이급, 병조참지 백유양, 유양의 아들 생원 백진민, 전 도사 조대중, 전 남원부사 유몽정, 전 찰방 이황종, 전 감역 최여경, 선비 윤기신, 정여립의 생질 이진길 등 이루 다 기록할 수가 없다. 그중에서도 이발과 백유양의 집안이 가장 혹독하게 화를 입었다. 연루되어 귀양 간 자는 우의정 정언신, 안동부사 김우옹, 직제학 홍종록, 지평 신식과 정숙남, 선비 정개청 등이고, 옥에 갇혀 병이 나서 죽은 자는 처사 최영경이었다. 옥사(獄事)는 덩굴처럼 얽히고 뻗어 나가 3년을 지내도 끝장이 나지 않아 죽은 자가 몇천 명이었다.

진안 가막리에서 기축옥사 해원 굿.

기축옥사가 일어난 지 3년 뒤인 1592년에 임진왜란이 일어났고, 그 뒤 전라도는 반역향(叛逆鄕)으로 내몰려 호남인의 등용이 제한됐다.

1589년 임진왜란이 일어나기 3년 전에 일어났던 정여립 모반 사건, 즉 기축옥사를 두고 혹자는 조선왕조의 정치사회적 구조 속에서 일어날 수밖에 없었던 당연한 귀결이라고도 하고, 지역 내 사림 사이의 갈등과 개인적 감정 대립의 결과라고도 한다. 또 어떤 사람은 정여립이 당파싸움의 희생양이지 모반 사건이 아니라고도 하며, 또 다른 편에서는 모반을 하기는 했는데 거사 직전에 발각되어 실패한 미완의 혁명이라고도 한다.

그 뒤 오랫동안 갖가지 설만 무성하던 기축옥사를 처음 재조명한 사람은 단재 신채호였다. 그는 정여립에 대해 혁명성을 지닌 사상가로 높이 평가하고, "사색당쟁 이후의 역사는 피차의 기록이 서로 모순되어 그 시비를 분석할 수 없어 역사의 가장 어려운 점이 된다"라고 말했다. 또한 《단재전집》에서도

정여립 생가터 뒤쪽의 파쏘봉

“정죽도(여립) 선생은 민중군경(民重君經)을 주장하다가 사형을 입으니”라거나 “400여 년 전에 군신강상론(君臣綱常論)을 타파하려 한 동양의 위인”이라고 하며 높이 평가했다.

‘천하공물설’과 ‘대동사상’은 꽃을 피우기도 전에 실패로 돌아갔으나 그의 사상은 허균의 변혁 사상인 호민론(豪民論, 세력 있는 백성)으로 이어졌고, 다시 정조 때의 실학자 다산 정약용의 탕무혁명론(湯武革命論)으로 이어졌다. 기축옥사 이후 호남 지역은 서북 지역처럼 차별받을 수밖에 없었고, 그러한 상황은 수많은 민란으로 이어져 마침내 근현대사의 출발점인 1894년의 동학농민혁명으로 분출됐다.

조선 500년 역사상 가장 큰 사건의 주인공인 정여립과 그의 대동사상을 두고 오늘날에는 ‘세계 최초의 공화주의자’라는 평가를 내리고 있다.

전라도 역사뿐만 아니라 조선 역사에 큰 파문을 던진 기축옥사는 전라도민에게 큰 상처를 남겨 서로 대놓고 말조차 할 수 없었다. 긴 침묵을 깨고 정여립 사건 재평가에 불을 지핀 단체가 황토현문화연구소였다. 1997년 4월 전북민주동우회(회장 정동익), 모악향토문화연구회(회장 최순식), 동래정씨 문중이 모여서 ‘신분 차별 없는 대동세상’을 꿈꾸었던 정여립 사건 재조명 사업을 시작했고, 그 첫 번째 사업으로 정여립 역사 기행에 나섰다.

전북민주동우회의 정동익, 역사문제연구소의 이이화, 김익수, 기세춘, 주강현, 서지영, 이은영, 신부자, 황토현문화연구소의 신정일 등이 정여립이 낙향하여 대동계를 조직했던 김제 원평의 제비산 자락과 정여립 조상 사당 터, 정여립이 의문사한 진안 죽도를 답사했다.

그 뒤 2000년 봄에 신정일 대표는 기축옥사를 배경으로 한 《지워진 이름 정여립》을 출간했고, 〈역사 스페셜〉을 비롯해 수많은 언론의 재조명을 받았다. 그 뒤 2019년에 《조선의 천재들이 벌인 참혹한 전쟁》으로 재출간해 정여립과 기축옥사를 새롭게 부각했다.

2018년에는 전북 지역에서 활동하는 사람들이 모여 '대동사상기념사업회'를 발족하여 정여립의 동상 건립과 '대동사상기념관' 건립 그리고 대동사상을 알리기 위한 세미나 등 여러 사업을 펼치고 있다.

전북시인협회의 김현조, 이형구, 권영동, 민승기, 신정일, 정성문, 동래정씨 문중이 모여 대동사상기념사업회를 꾸려가고 있고, 그런 활동 속에서 혁신도시에 '정여립로'와 인후동에 '정언신로', 시청 부근 큰길에 '대동길'이라는 길 이름이 만들어졌다. 이렇듯 역사는 도도한 큰 흐름 속에서 천천히 전진하는 것이고, 나 역시 그 흐름 속에 미미하게나마 힘을 보태고 있는 것이다.

전주에 정여립로, 정언신로 길이 생기다

09

전주에 가면 만날 수 있는 아름다운 이름: 일제로부터 빼앗긴 우리말 지명 찾기 운동

● 신형교(황토현문화연구소 운영위원, 고산중학교 교사)

세상의 모든 것에는 이름이 있다. 나무와 풀과 사람과 동물처럼 생명이 있는 것은 태어나면서부터 이름을 가진다. 하늘의 해와 달, 산과 바다로부터 하찮은 먼지에 이르기까지 생명이 없는 것조차 처음부터 이름이 있다. 그렇듯 모든 사물은 부정적이든 긍정적이든 저마다 이름이 있다. 어떤 이름은 사람들의 꿈을 담아서, 어떤 이름은 유래나 전설에 따라서, 어떤 이름은 모양이나 생김새에 따라서 각기 주어진 이름을 가지고 있다. 그렇게 주어진 이름마다 그 이름값을 하며 존재의 이유를 가진다.

전주에 들어서면 거리에도, 학교에도, 아파트에도 아름다운 이름이 먼저 사람들을 반긴다. 싸전다리, 서낭댕이길, 쪽구름초도서관, 명주골 네거리, 선너머 네거리. 꽃밭정이 네거리 등 고유한 우리말로 지어진 길 이름과 학교 이름, 아파트 이름이 시선을 잡아끌며, 숲정이성당, 용머리천주교회 등 종교 시설까지 한글 이름으로 아름다움을 더하고 있다. 완주의 '완'과 전주의 '전'을 합하여 '완전한 고을'을 뜻하는 '온고을중학교', 송천을 풀이하여 '솔내고등학교'와 '솔빛중학교', 여울이 흐르던 곳 근처에 있는 서신동의 '여울초등학교' 등 그 이름만의 독특한 연유를 가지고 있다. 전주에는 그렇게 부르면 부를수록 아름다운 이름이 수두룩하다.

아름다운 옛 이름을 찾을 순 없을까?

이렇게 길과 학교에 아름다운 한글 이름이 널리게 된 것은 사실 그리 오래된 일이 아니다. 1990년대 중반 즈음이었을까? 문화운동을 이끌던 시민단체 황토현문화연구소의 신정일 소장의 문제 제기로부터 한글 이름이 나타나기 시작한 것이다. 그는 우리나라에 도보 답사 열풍을 일으킨 주인공이다. 그가 우리 땅 걷기 기행을 주관하면서 발견한 것은 나라 곳곳을 이어주는 '길'과 나라의 동냥을 키우는 학교 현장에 너무도 많은 일제강점기의 잔재가 뿌리 깊게

전주의 마을, 거리 그리고 학교를 우리말 짓기 공청회

자리 잡고 있다는 것이었다.

그의 조사에 따르면 일제는 1910년에 이 땅을 강점했고, 식민 통치를 정당화할 목적으로 1914년에 우리 고유 전통의 맥을 끊고 역사를 단절하는 행정구역 통폐합 조치를 단행했다. 그때 일제는 4356개의 면을 2461개로 줄였으며, 오랜 역사와 문화 속에 자리했던 마을 이름을 순식간에 없애고 이 땅과 아무런 인연이 없는 새로운 이름으로 채워 나갔다.

일제강점기 이전의 전주에는 장승이 서 있어서 장승백이, 싸전이 열렸던 자리라 해서 싸전거리, 솔가지를 팔러 나온 사람이 많았다 해서 솔가지전거리, 성황당이 있어서 서낭댕이길, 물이 좋아 묵샘골, 가자미같이 생겨서 가재미골 등 저마다 우리말로 된 아름다운 이름이 있었다. 이 땅에 발붙이고 살았던 사람들의 삶과 역사와 문화가 어우러져 살아 숨 쉬던 이름이었다. 듣기만 해도, 생각만 해도 정겨움이 철철 넘치고 훈훈해지던 이름이 사라진 이유는 두말할 나위 없이 일제 때문이다. 일제는 우리의 아름다운 고유 이름을 지우고 자기들의 통치 방식을 동원하여 일본식으로 바꾸었다. - 아래 인용문에는 성황당길로 나옴. 확인 요망

조선인으로 하여금 창씨개명으로 성과 이름을 일본식으로 바꾸게 했던 일제는 수백 년 동안 우리말로 이어져온 마을 이름조차 일본식으로 바꾸게 했던 것이다. 일례로 일제는 밤나무가 많아 '밤골'이라 불렀던 곳을 밤율(栗)과 골짜기곡(谷)을 합하여 '율곡(栗谷)'이라 하고, '소나무섬'이라 불렀던 곳을 소나무송(松)과 섬도(島)를 합하여 '송도(松島)'라 개명하는 등 전국의 모든 마을 이름에서 고유한 한글을 파하고 한자로 바꾸어 민족정기를 말살하고자 했다. 물론 근현대사를 거치면서 급속도로 진행된 산업화라는 논리도 오래도록 전해 내려오던 아름다운 이름이 사라지게 한 원인을 제공한 것도 사실이지만, 가장 큰 원인은 일제감정기의 조선 통치 논리 때문이라고 신 소장은 말한다.

1945년 이 땅이 해방되면서 서울의 몇몇 지역이 충무로, 종로, 신문로 등으로 바뀌었을 뿐 몇십 년이 지난 후까지도 고유한 옛 이름을 잊은 채 일제식 지명이 도처에 깔려 있었다. 전주만 해도 동산촌, 대장촌 등 이 지역에 일본인 지주의 성씨들로 붙여졌던 대표적 지명이 상호 이름으로 또는 관공서 이름으로 부끄러움도 모른 채 쓰이고 있었다, 학교 이름도 일제의 통치 방식을 그대로 따른 동-서-남-북에 '학교'라는 이름만 붙인 채 동중, 서중, 남중, 북중 등의 이름으로 획일화된 일제식 이름을 가지고 있었다.

명칭제정위원회, 드디어 우리말 지명 찾기를 시작하다

"어디 가면 아름다웠던 옛 이름을 만날 수 있을까? 그 이름은 비 갠 뒤에 생겨나는 무지개처럼 정녕 사라져버리고 말 것인가? 그것들을 우리는 바라만 보고 있을 것인가? 그렇지 않다. 우리들의 마음 여하에 따라 그리운 옛 이름을 다시 만날 수 있을 것이다. 그것도 복고적인 의미에서의 옛 이름만이 아니고 과거와 현재와의 대화 속에서 모든 것이 합당한 제 이름을 찾아내고 생활 속에 부활시킬 수 있을 것이다."

신정일 소장의 말이다. 신 소장은 해방 후 반세기가 지나도 여전히 우리의 고유한 역사와 문화가 일제에 의해 찬탈되고 있다는 점에 문제의 심각성을 제기하고, 옛길과 옛 지명 찾기를 위해 발 벗고 나서게 된다. 삼남대로와 영남대로 등 우리 국토를 두 발로 직접 걸었던 그는 일찍부터 '쓰리고' 운동을 주장했다. 잊힌 길을 '찾고', 끊어진 길을 '잇고', 이어진 길을 '걷고' 하자는 것이었다. 그는 그 여세를 몰아 '쓰리고' 운동의 노하우를 바탕으로 자신이 살고 있는 전주의 옛길 이름과 옛 지명을 찾는 일도 서두르기 시작했다. 그 일이 나라를 바로 서게 하는 일이라는 신념이기도 했다. 5년 후, 10년 후라도 이 땅의 모든 지명이 본래의 제 이름을 찾아 새롭게 부르는 날이 온다면, 그 자체가 온전한 역사를 이어가게 된다는 것이었다.

그래서 그는 몇 년 전부터 준비한 잃어버린 옛 지명과 아름다운 우리말 이름 자료를 가지고 시의원 몇몇과 언론인 몇몇 그리고 황문연 회원을 중심으로 모임을 가졌다. 어떠한 방법으로 사업을 진행해야 소기의 목적을 달성할 것인지를 논의한 끝에 언론과 여론을 통하여 분위기를 확산해 나가는 것이 최선이라는 결론을 내렸다.

일반 시민이나 언론 모두의 반응은 매우 뜨거웠다. 지자체도 이 운동을 크게 반겼다. 신정일 소장의 제안을 접한 당시 전주시장이 누구보다도 깊은 관심을 가졌으며, 이 과정에 필요한 모든 것을 적극 지원하기로 약속했다. 그 결과 1996년 9월 19일 황토현문화연구소와 전북환경운동연합은 전주시의 도움을 받아 시청 대강당에서 '전주의 마을 거리, 그리고 학교를 우리의 옛 이름으로!'라는 주제의 시민공청회를 공동 개최하기에 이른다.

공청회에서 시민들의 반응을 확인한 전주시는 드디어 시민사회단체들과 각 기관의 대표를 포함한 '명칭제정위원회'를 구성했고, 이제천 의원을 비롯한 시의원들은 각고의 노력 끝에 명칭 변경 관련 조례를 통과시켰다. 그러나 조례가 통과됐다고 이름이 저절로 고쳐지는 것은 아니었다. 수많은 절차와 벽에 부딪혔다. 어떻게 이름을 짓느냐는 것이 큰 문제였지만, 위원들의 염려는 오히려 다른 곳에서 오는 더 큰 문제를 고민하고 있었다. 즉 이름이 바뀌면 반드시 새로운 주소가 필요하고, 그 새로운 주소를 어떻게 시민에게 설득하느냐가 최대의 난제라는 것이다. 그러다 보니 이름 짓기에 앞서 주소 변경 논리를 찾는 것이 먼저라는 의견도 많았다.

신 소장은 외국의 주소 사례를 소개했다. 대부분의 선진 국가는 '길'을 바탕으로 주소가 만들어진다. 1길, 2길, 1-1길, 1-2길처럼 아무리 건물이 늘어나도 주소는 질서를 지킨다. 그러나 우리나라는 길과 무관하게 먼저 지어진 건물 순서대로 번지수를 부여하다 보니 건물이 늘어날수록 주소가 뒤죽박죽으로 엉킬 수밖에 없는 것이 현실이라서 언젠가는 전면적인 주소 개편이 이루어질 수밖에 없다는 논리를 폈다. 그러므로 지금은 새 주소 개편이 이루어지기 전에 길 이름을 찾아주는 것이 먼저요, 그 이름을 토대로 주소가 만들어지는 기반을 마련하는 것이 명칭제정위원의 몫이라는 논리를 폈다. 위원들도 결국 신 소장의 의견에 동조하고 명칭 제정 작업에 돌입했다. 신 소장은 자신이 찾고 준비했던 자료를 소개하고, 이름 짓는 방법에 대한 구체적 기준을 제안했다. 그 기준은 다음과 같은 것이었다.

> 첫째, 본래부터 옛 이름을 다시 찾거나 지역의 특정한 사물에서 이름을 얻는다.
>
> 장승이 있던 곳은 '장승길', 싸전(쌀 파는 곳)이 열리는 곳이라 하여 '싸전길', 솔가지(소나무 가지)를 팔러 나왔다 하여 '솔가지길', 성황당이 있어서 '성황당길', 물이 좋아 '묵샘골', 가자미같이 생겨서 '가재미골' 등은 옛 이름을 그대로 찾아 부르면 되고, 은행나무가 많은 곳은 '은행나무길', 모래내시장이 있는 길은 '모래내길', 한벽당 가는 천변 길은 '한벽당길' 등으로 지어 누구나 쉽게 찾아가는 방법으로 이름을 짓는다.
>
> 둘째, 지명에 얽힌 전설과 유래를 찾아 이름을 짓는다.
>
> 엉뚱하게도 여관 이름을 붙여 '해금장 사거리'라고 부른 곳은 예부터 명주가 많이 나는 곳이었으므로 '명주골 네거리'로, 평화동 사거리는 어느 효자가 병석에 누워 있는 부친을 위하여 엄동에 꽃을 찾아다니다가 이 마을의 샘(꽃샘)에서 꽃을 찾았다는 이야기가 남아 있어서

'꽃밭정이 네거리'로, 아중리는 달맞이꽃이 많이 피던 곳이었으므로 '달맞이길', 송천(松川)은 어려운 한자어를 풀이하여 '솔내'로 이름 짓는 식이다.

셋째, 역사적 사건과 사람들이 살아온 삶의 자취를 따라 이름을 짓는다. 예컨대 녹두장군 전봉준이 서울로 북진하기 위해 진군했던 팔달로를 '녹두거리'로, 견훤이 살았던 물왕말 일대는 '견훤로'로, 정여립의 자취가 서린 남문 밖은 '정여립 거리'로, 김개남이 효수된 서문 밖 거리는 '개남이 거리'로, 법원 앞 길은 가인 김병로 선생을 기리는 '가인로'로, 관통로는 객사가 있었으므로 '객사길' 등으로 지정하여 이 땅을 살았던 위대한 사람들의 이름과 역사를 기억하게 한다.

명칭제정위원회는 신 소장이 제시한 기준을 대부분 수용했다. 다른 방법이 없거니와 가장 설득력 있는 방법이었기 때문이다. 전주시와 시의회 역시 위원회의 의결 사항을 전적으로 수용하여 제정 작업에 속도를 가했지만, 그래도 기대만큼 빠르게 진척되지는 않았다. 하지만 위원회의 끈질긴 노력 끝에 3년이 지난 1999년에 드디어 20여 개의 이름이 고쳐졌다. 너무 더디다는 말도 있었으나, 모든 이름을 바꿀 수 있다는 희망도 생겼다. 그 희망을 발판 삼아 명칭 제정 작업은 더욱 탄력을 받아 진행됐고, 그 이듬해부터 불과 몇 년 사이를 지나면서 1000여 개가 넘는 새 이름을 만들면서 전주시내 대부분의 거리가 새로운 이름을 가지게 됐다.

중화산동의 서원 너머는 '선너머 네거리', 인후동의 해금장 사거리는 명주베의 집산지였던 것을 살려서 '명주골 네거리', 평화동의 꽃밭정이는 '꽃밭정이 네거리'가 됐다. 법원 앞에 '가인 거리'도 만들어졌고, 관통로에 '객사길'도 만들어지고, 전주의 초입 혁신단지에는 '정여립로'도 만들어졌다.

한글 이름 짓기, 전국적 현상으로 번지다

길 이름 짓기 활동은 여러 분야에서 큰 반향을 일으켰다. 전주시내의 수많은 거리 이름이 고유의 한글 이름으로 바뀌자, 학교 이름과 각 기관 단체, 종교시설, 그리고 아파트 이름, 상가 간판까지도 한글 이름으로 바뀌는 동반 현상이 일어난 것이다. 학교나 아파트는 주변의 길 이름을 바탕으로 자발적으로 각 지역의 특성을 살린 아름다운 이름을 짓는 일에 동참한 것이다.

가장 적극적으로 동참한 곳은 의외로 아파트를 짓는 건설회사였다. 시공업체인 현대건설, 대우건설, 제일건설, 부영건설 등 많은 건설사기 회사의 로고만 그려놓고, 이름은 멋진 한글 이름으로 아파트를 분양하기 시작한 것이다. 숲정이마을, 글내마을, 명주골마을, 모래뜸마을, 꽃밭정이마을, 선너머마을, 인후꿈마을 등 얼마나 아름다운 아파트 이름인가. 학교 또한 한들초등학교, 여울초등학교, 온고을중학교, 솔내고, 솔빛중과 같은 예쁜 이름이 교문을 장식했다. 그뿐인가, 기독교와 천주교, 원불교, 불교 등 종교 단체도 용머리천주교회처럼 그 지역의 이름을 딴 새 이름으로 바꾸었다. 솔내 교회, 가리내

전주 서신동에 있는 여울초등학교

교당, 꽃밭정이 천주교회 등으로 아름다운 이름을 뽐내게 된 것이다.

그런데 주목할 것은 옛 지명을 찾아 우리 이름을 찾는 이 운동은 단지 전주에서 그치지 않았다는 사실이다. 전주가 모델이 되어 전국적 현상으로 이름 짓기 운동이 펼쳐진 것이다. 전국의 각 지자체들이 조례를 정하고 옛 이름을 찾아 거리 이름을 짓기 시작했다. 그뿐만 아니라 국가는 '지번'으로 이루어진 기존 주소의 한계를 인정하고 '길'을 토대로 한 '도로명 주소'를 도입하기로 하고, 시행령을 발표했다.

놀라운 일 아닌가? 지금은 전국의 모든 길이 새 주소의 바탕이 됐다. 길을 바탕으로 '도로명 주소가' 생겨서 누구든 주소 하나 들고 목적지를 찾아갈 수 있는 세상이 됐다.

익산시 오산면의 맑은 샘 유치원

2019년에 개원한 익산시 오산면의 공립 유치원인 '맑은 샘' 유치원의 이름도 신정일 소장이 지었다. 마땅한 이름을 찾지 못한 익산교육청에서 신 소장에게 이름을 지어달라고 요청한 것이다.

한글학회에서 펴낸 《한국지명총람》에서 유치원이 들어서는 지역이 청수(淸水)마을이라는 사실을 알게 된 신 소장은 즉석에서 '맑은 샘'이라는 이름을 떠올리고 나라 곳곳의 유치원을 찾아보니 같은 이름이 없어 그 이름으로 정했다고 한다. 신 소장은 "문제가 풀리지 않을 때는 근원으로 돌아가면 실마리가 풀린다"라고 말하며 본래의 이름을 되찾은 것이라는 말을 덧붙였다.

"맑은 샘에서 맑은 물이 흘러나온다"라는 로마 속담처럼 신 소장은 맑은 샘 유치원에서 자란 아이들이 이 나라를 맑고 푸른 물처럼, 푸른 하늘처럼 만들기를 기원한다고 했다.

10

생명과 평화 자치로 우뚝 선 모악산 살리기 운동

● 이정현(전북환경운동연합 선임활동가)

〈어디에서 보아도 나는 모악(母岳)이다〉, 이는 예술적 정체성을 전북에 두고 있는 도립미술관이 어느 해인가 개최한 대표적 작가 초대전의 제목이다.

김제 만경평야 위에 우뚝 솟은 당당함, 서해로 흘러가는 동진강 유역에서도 좌표 같은 산, 미륵 신앙에서 동학과 증산으로 이어지는 후천개벽의 새 세상을 품은 어머니의 산. 모악산만큼 지역의 정체성을 명징하게 상징하는 공간도 없는 듯하다. 김용택 시인의 시 한 구절을 빌려온 것 같다. 시인은 모악산이 "신새벽 주린 배를 채워주는 (…) 김 나는 김제 만경의 새하얀 고봉밥이다"라고 노래했다.

모악산은 해발 794미터의 전북 도립공원으로 전주시·김제시·완주군에 걸쳐 있어 접근성이 좋으면서도 수려한 자연환경과 역사문화유산으로 매년 100만여 명의 탐방객이 오르는 명산이다. 멀리 진안 마이산 너머 백두대간 마루금으로 이어지는 산이 이어져 있고 동진강과 만경강이 부려놓은 호남평야를 지나 서해까지 볼 수 있는, 어디서나 모악이다.

누구나 오를 수 있지만 쉽게 정상을 내주지도 않는 모악산은 새벽부터 밤늦게까지 북적댄다. 매년 100만 명이 넘는 사람이 건강과 휴식을 찾아 모악산에 오른다.

생물 다양성 측면에서도 명산이다. 모악산에 분포하는 식물종이 국립공원 내장산과 계룡산의 그것보다 많다. 애기등, 고란초, 개상사화(붉노랑상사화), 꽃창포, 너도바람꽃, 두루미천남성, 말나리, 뻐꾹나리, 쥐방울덩굴, 태백제비꽃, 토현삼 등 희귀식물 10여 종이 자란다. 그만큼 풍부한 생태계가 갖춰져 있다. 또한 담비와 삵, 수달 등 멸종위기종의 서식지이자 미세먼지를 흡수하는 기능이 뛰어나고 도시의 온도를 낮추는 바람길 역할도 한다.

그러나 여기저기 생채기도 많다. 산이 감당하기에 너무 많은 사람이 몰리다 보니 등산로 훼손이 심각하다. 도심과 가깝다 보니 전원주택과 다세대주택이 공원 경계까지 자리를 잡았다. 실버타운을 앞세운 아파트까지 들어섰다. 카페, 식당, 상점도 즐비하다.

모악산 개발 논란은 어제오늘의 일이 아니다. 1995년 완주군과 김제시가 지방 재정 확충 및 지역경제 활성화를 명분으로 대규모 관광단지 개발 사업을 추진했다. 김제시는 개발공사를 설립해서 1997년까지 금산사 입구 모악산 자락 2만여 평의 땅에 162억 원을 들여 각종 놀이시설과 가족호텔을 갖춘 '모악랜드'를 조성한다는 계획을 세웠다. 완주군은 구이면 모악산 자락 4만 5000여 평에 170억 원을 들여 호텔·수영장·골프 연습장·상가를 갖춘 대단위 관광단지로 개발을 추진했다. 모악산에 개발 바람이 일자 전주시에서도 관내 모악산 등산로인 중인동 지역을 개발해야 한다는 여론이 일었다.

개발에 대한 기대감만큼 무분별한 개발이 자연환경과 역사문화 자산을 크게 훼손할 수 있다는 우려도 커졌다. 황토현문화연구소와 전북환경운동연합이 주축이 되고 YWCA·흥사단 등 도내 시민사회단체들이 연대해서 모악산 살리기 운동을 전개했다.

당시 황토현문화연구소 신정일 소장은 "모악산은 진표율사의 미륵 사상이 움텄던 곳이자 미륵 불교의 본산인 금산사가 깃들어 있고, 정여립의 대동 사상이 펼쳐졌던 곳이자 1894년에 일어났던 동학농민혁명의 탯자리로 동학과 증산교 등 수많은 민간 신앙과 사상을 태동시킨 전북의 명산이다"라고 설명했다. 덧붙여 모악산 대원사는 '증산 강일순이 동학농민혁명이 실패로 돌아간 뒤 깨달음을 얻었던 곳'이며, 김제시 금산면 청도리 구릿골은 그가 화엄적 후천개벽 사상을 펼쳤던 곳으로 지켜야 할 가치가 있다고 강조했다.

유영진 전북환경운동연합 사무처장은 "모악산 도립공원은 식물 440여 종과 동물 448종, 곤충 수백 종 등 다양한 생물의 서식지로서 생태 환경을 고려한 개발이 이뤄져야 한다"라고 주장했다. 많은 이용객으로 몸살을 앓고 있는 모악산의 복원을 통해 시민들이 가까운 곳에서 자연을 느끼고 배울 수 있도록 식물원 등 자연학습교육장을 조성해서 생태관광이나 역사·문화 유적 탐방지로 개발해야 한다는 것이다.

단체들은 모악산 송신탑 이전으로 정상 복원, 금산사 일원 '모악랜드 조성사업'과 완주군의 '모악산 관광단지 조성사업'의 전면 재검토를 내걸고 모악산 살리기 운동에 돌입했다. '모악산은 많은 도민의 사랑을 받는 쉼터이자 야생동물의 서식지이며 주민의 삶에 영향을 끼치는 역사성을 지닌 산이므로 자연과 조화를 이루는 최소한의 개발을 하라'라는 요지의 보도자료를 만들어서 각 언론사에 배포했다. 지역 일간지와 방송사는 물론 《동아일보》와 《한겨레》 등 중앙지에도 모악산을 살리자는 보도가 나갔다. 범도민서명운동을 전개하고 시장, 군수와 면담 자리를 만들고 모악산 정상에서 '모악산 살리기 범도민 결의대회'를 열어 지방자치단체들의 무분별한 개발에 제동을 걸었다.

모악산 살리기에 공감하는 시민도 늘었다. 동학과 증산 사상을 근간으로 생명문화운동을 추진하던 김지하 시인은 신정일 소장에게 모악산 개발에 반대한다는 뜻을 담은 시를 보내왔다. 다음은 새벽에 취한 듯한 몽롱함 속에서 영감(靈感)을 받아 쓴 시의 전문이다.

오늘 아침 강시(降詩)가 있었다.
객망오만리(客望五萬里)
모악일초심(母岳一楚心)
황토증산식(黃土甑山食)
가멸칠산해(可滅七山海)

이어 우리말로,
모악을 훼손하면
칠산 바다가 검게 물들 것,
이리(裡里)는 이것을 막고
계룡(鷄龍)은 뒤로 서라.

나는 전주 모악산이
이 땅의 성산(聖山) 중의
하나임을 안다.
알면서 그 파괴를 묵과할 수 없다.
길은 모악으로 날 수 없다.
모악은 영태(靈胎)를 모셨다.
어머니 배를 가를 셈인가?
증산(甑山) 선생을 불망(不忘)하여

다만 삼가라.

'모악산 개발을 우려한다.'

이 시가 《전북일보》에 다시 보도됐고, 모악산 살리기 운동은 더 힘을 받았다. 1만여 그루의 나무를 후원한 시민도 있었다. 이러한 노력과 함께 금산사의 강한 반대 의견으로 김제시의 '모악랜드 조성 사업'은 무산됐다. 완주군 구이면 관광지 조성 사업은 기반 시설 공사 중에 입찰 비리 사건으로 중단됐다. 상당 부분 모악산의 난개발을 막아낸 것이다. 모두를 다 실현하고 막아낸 것은 아니지만 최악을 막아내고 모악산 보존에 대한 공감대를 높였다는 점에서 위안을 얻었다. 예전의 상학마을 안길을 따라 산에 오르던 정취는 사라졌지만, 급증하는 이용객의 편의를 위해서 주차장과 상가, 도로 등 시설 지구 조성은 필요했다. 이후 도립미술관과 축구장, 지역 음식 판매장 등 모두가 이용할 수 있는 공공시설이 들어선 것은 작지만 성과라고 할 수 있다.

모악산 자락을 개발하려는 시도는 계속됐다. 지역 건설업체가 사회복지시설이라는 법적 예외 조항을 악용해 전주시 중인동 모악산 자락에 실버타운을 빙자한 아파트 건설을 추진했다. 지역 주민과 전북환경운동연합이 함께 반대 운동을 펼쳤으나 역부족이었다. 12층 건물을 9층으로 낮추는 데 그쳤다.

시민단체의 모악산 살리기 운동도 계속 이어졌다. 모악산은 명산이라는 이름에 비해 제대로 대접을 못 받았다. 중·장기적인 자연환경 보전 계획이나 자연환경 조사가 없었다. 전북환경운동연합은 등산로와 주변 산림 훼손에 관심을 두고 회원들과 막힌 배수로를 청소하고 뿌리가 드러난 등산로 주변 나무에 흙을 덮어주는 캠페인을 벌였다. 동시에 파헤쳐지고 다져진 등산로 실태조사를 진행했다. 가장 심한 곳은 중인동 비단길 구간이었다. 사람 키만큼이나 등산로가 파여 나갔다. 훼손이 심한 구간의 폐쇄, 자연휴식년제 도입, 배수

시설, 돌과 나무를 이용한 계단이나 등산로 정비를 촉구했다.

전북녹색연합은 정밀 생태조사를 실시했다. 결과는 놀라웠다. 식물상의 경우 기존 조사 결과의 두 배가 넘는 940종의 서식이 확인됐다. 희귀식물만 10종, 북한계 식물과 남한계 식물이 대거 공존하는 것으로 나타났다. 해안을 따라 형성된 내변산, 내장산과 가까이 있고, 모악산이 호남정맥의 중봉이자 평야 지대와 산악 지역이 만나는 지리적 요인이 크다고 밝혔다. 상록성 양치식물인 고란초의 생육을 모악산에서 확인한 것도 큰 성과였다. 2005년 관련법 개정으로 보호종에서는 빠졌으나 희귀식물로 보호 가치가 크다.

모악산은 생명과 평화, 자치라는 지역의 정체성과 공간을 명징하게 대표하는 곳이다. 골짜기마다 자리를 잡고 살아가는 주민과 인근 도시민에게 아낌없이 주는 산이다. 하지만 무료 서비스는 한계에 다다랐다. 정상 송신탑 이전은 여전한 숙제다. 모악산의 부담을 덜고 복원 능력을 키우는 현명한 이용이 절실하다.

장일순이 깨달음을 얻은 대원사, 진표율사의 금산사

11

전주 KBS와 함께 동학 기행을 시작하다

● 신정일(사단법인 우리 땅 걷기 이사장)

1996년 3월이었다. 전주 KBS 총무과 이정호 씨에게서 전화가 걸려왔다. 나를 만나고 싶다는 것이었다. 집으로 찾아온 그는 전주 KBS에 시청자를 위해서 쓸 수 있는 돈 3000만 원이 있는데, 어디에 쓰면 좋겠느냐고 물었다. 나는 이렇게 말했다. "동학농민혁명 100주년이 지났지만 사람들은 잘 알지 못한다. 전북도민에게 동학농민혁명 전적지 답사를 시켜주자." 그렇게 시작된 것이 3년간에 걸쳐 진행된 〈전주 KBS 동학 기행〉이었다.

역사문제연구소 이이화 소장을 초청해 간단한 강연을 듣고 전체적인 답사 진행은 내가 맡아서 진행하기로 했다. 1996년 500~600여 명의 참가자와 함께 동학농민혁명의 전적지인 고창과 정읍 일대를 답사했다. 행사는 황토현기념탑에서 절정을 이루었는데, 답사객 중 한 사람이 기념탑에 새겨진 글을 읽었다.

> 제폭구민 보국안민과 척왜(斥倭)를 기치로 동학교문의 대혁명가 전봉준 선생의 영도 아래에서 일어난 갑오동학혁명은 우리 민족의 진

로에 커다란 광명을 비추어주었다. 전봉준 선생은 동학의 조직망을 통하여 농민 대중을 안아 들여 우리 역사상에 처음 보는 대규모의 민중 전선을 이룩하고 위국위민의 뚜렷한 지도 이념 밑에서 줄기차게 싸웠던 것이니 그의 의의와 영향은 진실로 지대한 바가 있다. 이 혁명은 우리 농민 대중에게 정치적 의식을 깨우쳐주었으며 고루하던 불합리한 봉건 체제의 낡은 권위를 뒤흔들어 국민 생활의 근대화를 촉진시켰고 제국주의 일본의 침략에 민족전선으로서 항전하여 우리의 민족정기를 현양시켜 뒷날 3·1운동의 선구를 이루었다. 이 갑오동학혁명의 거룩한 업적과 숭고한 정신을 그 뉘라서 추앙치 아니하며 찬양치 아니하랴. 갑오동학혁명이야말로 길이 세계 역사 위에 빛날 것이다.

1963년 10월 3일

정읍 말목장터에서 이이화 선생과 신정일

동학농민혁명 기념탑 중에서는 가장 명문인 위의 글은 김상기 박사가 지었다. 그 뒷면에는 "가보세 가보세 을미적 을미적 병신 되면 못 가리"라는 참요(讖謠)가 새겨져 있다. 갑오년(1894), 을미년(1895), 병신년(1896)에 절호의 기회를 놓치면 다시는 나라를 구할 수 없다는 농민군의 절박한 심정을 단적으로 나타내는 노래다. 그리고 그 옆에는 〈새야 새야 파랑새야〉가 새겨져 있다.

1997년에는 논산과 부여 그리고 공주 지역을 답사했고, 공주 곰나루에서 '내일은 공주, 모레는 수원, 글피는 서울'로 올라가다가 실패한 동학농민군의 애환을 이야기했다. 공주 곰나루 금강은 갑오년 겨울에 삼팔선이었고 휴전선이었다. 그렇게 가고자 했던 서울길, 공주를 함락하고 서울로 진격해서 후천개벽 참 세상을 열어젖히리라던 동학농민군의 간절한 바람은 그때 저 강물에 푸른 물살로 정녕 흘러가 버리고 말았던가.

갑오년 동짓달 곰나루를 건너지 못한 전봉준은 섣달에야 다리가 부러진

정읍 만석보유적지 동학 기행

채 들것에 실려 저 강물을 건넜다. (사진은 1895년 2월 27일 법무아문으로 이송되기 직전에 무라카미 덴신이 찍은 것이다.) 손화중 · 김덕명 · 성두환 등은 밧줄에 묶여 건넜다. 1895년 3월 12일 자 《오사카 마이니치》 신문 3면에 〈전봉준을 보다〉라는 기사를 쓴 기자가 일본 영사관 철창에서 신음하고 있는 전봉준을 2월 28일 면회했다고 한다. 그는 그때 전봉준은 "총검 때문에 붕대를 감았고 안색은 창백해 병상(病狀)이었지만, 눈빛은 예리하게 빛났다"라고 묘사했다. 우리가 알고 있는 전봉준의 마지막 남은 그 한 장의 사진은 순창에서 붙잡혀 형장으로 끌려가는 모습이 아니고, 당시 일본 영사관에서 법무아문으로 옮겨갈 때 사진사가 찍은 것이었다. 그리고 전주에서 처형된 김개남은 부릅뜬 눈빛만 살아서 갔고, 뒤따라 손화중도, 김덕명도 포승줄에 묶여서 저 강을 건넜다.

1998년에는 남원과 구례, 하동 일대를 답사했다. 황현의 사당 매천사에서 사발통문을 작성했고 조선의 마지막 선비 매천 황현을 이야기했다. 을사년 음력 10월 을사보호조약이 체결됐다는 소식을 들은 매천은 식음을 전폐하고 통곡하다가 〈오애시〉를 지었다. 국난을 당하여 순절한 민영환, 홍만식, 조병세, 최익현, 이건창을 추모하는 글이다.

1910년 융희 4년 8월, 한일합병조약이 맺어지고 조선은 국권을 상실하고 만다. 매천은 중대한 결단을 내린다. 그 당시 매천의 근황을 동생인 석전 황원은 이렇게 기록했다.

> 경술(1910) 음 7월 25일 대한제국은 망했다. 시골에는 음 8월 3일에 황제의 양국조서(讓國詔書)가 도착했다. 매천은 이 글을 반도 채 읽지 않아 기가 막혀 더 이상 읽지 못하고 기둥에 끼워놓았다. 내가 밖에서 돌아와서 이를 읽자, 매천은 듣기 싫으니 밖에 나가서 읽으라고

쫓았다. 이때 나도 읽기를 중지하고 "오늘 이런 일을 당했으니, 아모 아모는 죽어야 마땅합니다" 했더니 매천은 말하기를 "자신은 죽지 않으면서 남이 죽지 않는 것을 책하는 것이 옳겠느냐? 종묘사직이 망하는 날에 사람마다 다 죽어야 할 것인데, 어찌 몇몇 사람뿐이겠느냐" 하셨다.

8월 5일에 손님과 바둑 다섯 판을 두었다. 밤에 《황성신문》을 읽고 있는데, 이웃 노인이 와서 매천과 한방에서 자기를 청했다. 그러나 매천은 술을 내다가 대접하고 밤에 할 일이 있으니 내 아들 방에서 자라고 하고, 문을 닫고 절명시(絶命詩) 4수와 유자제서(遺子弟書)를 썼다. "국가가 선비를 기른 지 500년에 나라가 망하는 날을 당하여 한 사람도 죽는 사람이 없다면 어찌 통탄스러운 일이 아니겠느냐. 너희들은 과히 슬퍼하지 마라" 하고 또 "서책은 이것이 곧 나의 정력소재

서울로 압송되는 전봉준

(精力所在)이니 잘 수호하라" 하고, 세세한 가사 처리에 대한 것까지 썼다.

그러고 나서 드디어 아편을 마시고 혼절했다. 새벽에 집안사람들이 이 일을 알고 해독을 서둘렀으나 선생은 이를 물리치고 "세상 일이 이와 같으니 선비는 마땅히 죽어야 한다" 했다. 오시(午時)에 이르자 정신이 점점 혼미해지기 시작하여, 초 7일 닭이 두 번 울 때 절명했다. 이때 선생의 나이 56세였다.

그의 유서와 같이 위로는 황천에 떳떳한 아름다움과 아래로는 평일에 읽은 글에 어긋남이 없이 눈은 감고 길이 잠에 드니 자못 통쾌함을 느꼈을 것이다. 선생은 이것만이 사대부로서 의당 갈 길이라고 여겼던 것이다.

그때 매천 황현이 썼던 절명시 4수는 다음과 같다.

난리 속에 어느덧 백두가 되니
몇 번이나 삶을 버리려 해도 하지 못했네
오늘이야말로 참으로 어찌할 수 없으니
바람에 날리는 촛불이 하늘에 비치고 있네

당시 에피소드가 있다. 행사가 끝나고 가수들의 공연까지 마련됐는데, 그때 초청된 가수의 출연료는 노래 한두 곡에 200만 원에서 300만 원을 주었다. 그런데 이이화 소장은 구리에서 전날 내려와서 하루를 자기 때문에 이틀을 허비하는데, 30만 원을 주고 나는 현지인이라 20만 원을 주는 것이었다. 가수들 공연이 한창일 때 가까운 곳에서 차를 마시던 이이화 소장이 담당 PD에게 다음과 같이 말했다. "나나 신정일 선생은 평생 동안 공부만 했는데, 가수들의 10분의 1 정도 주는 것이 맞는 얘깁니까?" 그 말을 들은 PD는 계면쩍게 웃을 수밖에 없었다.

3년 동안 계속된 동학 기행은 전북도민에게 폭발적인 인기를 얻었고, 지금도 많은 이들이 그때의 행사 기억을 간직하고 있다. 그사이 동학농민혁명은 국가에서 공인을 받아 기념일까지 지정됐으니, 얼마나 신기한 일인가.

김개남의 집강소가 있던 남원 교룡산성에서

12

수학여행을 현장체험학습으로 바꿀 것을 제안하다

● 신정일(황토현문화연구소 소장, 문화재청 문화재위원, 문화사학자, 사단법인 우리 땅 걷기 이사장)

1997년 5월 강원도 춘천시에 있는 춘천초등학교의 교사에게서 연락이 왔다. 6학년 학생들을 데리고 전라도로 수학여행을 오겠다는 것이었다. 처음에는 '수학여행 장소로 경주나 부여 또는 제주도가 아닌 전라도를 선택한 의도가 무엇일까' 생각했고, 이어 '미륵사지나 금산사 일대가 아니겠는가' 지레짐작했는데, 그게 아니었다. 우리나라 최초의 수리시설인 벽골제를 시작으로 동학농민혁명의 현장답사와 변산반도의 아름다운 풍광 그리고 선운산 일대의 문화유산을 답사한 뒤 강진 해남으로 연결되는 2박 3일의 일정이었다.

1980년대부터 일기 시작한 우리 것 바로 알기 운동이 나름대로 성과를 거두면서 전국의 뜻 있는 단체나 학생들이 역사 속에서 소외됐지만 문화적으로 풍성했던 전라도 지역 현장답사에 나서기 시작했다. 그러나 이번처럼 새로운 프로그램으로 수학여행을 온 경우는 없었다.

전북 지역 학생들의 수학여행지 조사에 따르면 초등학생은 화엄사, 광양제철, 오동도가 제일 많았고, 중고등학생은 설악산, 제주도, 경주가 대부분이었다. 자료집은커녕 안내자도 없이 며칠 놀다 가는 개념의 수행여행이 몇십 년간 계속되어온 것이다. 어떻게 할 것인가? 문제는 하나뿐이다. 지금부터라도 우리 역사와 문화를 찾는 프로그램을 만들어 수학여행을 진행하는 것이 바람직할 것이다.

문화관광산업이 21세기 최대의 고부가가치 산업으로 전망되고 있고, 세계가 문화 전쟁 시대로 이행되어가는 지금 낭비적이고 소모적인 수학여행은 바로잡아야 한다. 물론 일선 학교에서 수십 년 동안 진행해온 수학여행의 관행을 깨고 새로운 문화 기행, 역사 기행 프로그램을 개발하여 활용한다는 것은 쉬운 일만이 아니다. 무엇보다 교육 담당자의 단안이 필요하고, 지역마다 많은 사람을 수용할 수 있는 숙박시설 증설과 여행 프로그램에 대한 고민, 전문 여행 가이드 육성 등 해결해야 할 난제도 많을 것이다. 그러나 각 자치단체가 이러한 프로그램을 만들어서 교환하고, 기존의 답사 단체와 문화원을 활성화한다면 그것이 꼭 어려운 일만은 아닐 것이다.

이런 생각으로 프로그램을 만들어 전라북도 교육감을 만나려고 했다. 그러나 우리 회원 대다수(교사가 많았음)가 가능하지 않다고 했다. 여행사와의 유착, 교사의 무관심 등 많은 이유 때문에 안 될 것이라고 했다. 그래도 부딪혀보자 하는 마음으로 전북 교육감 면담 심청을 하고서 프로그램을 만들었다.

백제 기행, 판소리 기행, 동학농민혁명 전적지 기행, 서해안 갯벌 탐사와 환경 기행, 진안 매잡이 기행, 정여립 · 전봉준 · 강증산 등 전북 지역의 역사 인물 기행 등 전북 지역에서만 가능한 프로그램 20여 가지를 만들었고, 학교에서 요청이 있을 경우 프로그램을 진행해준다는 목표를 세웠다.

며칠 뒤 문용주 교육감을 만났다. 처음엔 긴가민가하면서 내 말을 듣기만 했다. '며칠 뒤에 연락하겠노라'고 했지만, 정말 연락이 올지 자신은 없었다. 그런데 며칠 뒤 정말로 문용주 교육감이 직접 전화를 걸어왔다. "선생님, 전라북도 교육청과 한번 해봅시다."

당시 황토현문화연구소 회원 중 한 사람이 남원여고에 있었고, 또 한 사람이 전주여고에 있었다. 두 학교의 학생을 대상으로 절찬리에 방영됐던 TV 드라마 〈용의 눈물〉의 현장인 경기전과 전주객사 그리고 풍남문 일대를 걸으며 답사하는 프로그램을 만들어 언론을 통해 알렸다. 그렇게 6개월 정도 새로운 프로그램을 실천하며 언론을 통해 홍보했다. 그 결과 교육부에서 '수학여행'이라는 이름으로 전개되고 있던 문화 답사를 테마가 있는 현장체험학습으로 대체하여 전국적으로 시행하라는 지시를 내렸다.

현장체험학습과 세시풍속축제를 결합한 행사를 시행했던 전라북도 교육청이 내리 3년간 전국 교육청 평가에서 1등을 했던 것은 전라북도 교육청의 뜻깊은 쾌거였다.

교육청의 계약직 공무원이 될 뻔하다

사람들은 대부분 꿈은 꾸지만 실천하지는 않는다. 우선 '나까지 나서지 않아도 될 거야' 하는 생각이 들고 귀찮기도 하며 겁도 나기 때문이다. 혹자는 나를 돈키호테라고 부른다. 그 말은 맞는다. 내가 생각해도 너무 즉흥적이다. 하지만 남명 조식 선생의 말에 따르면 내가 하는 일은 사실 지극히 정상적이다. "배운 것을 실천하지 않으면 안 배움만 못하고, 오히려 죄악이 된다." 나는 일이 생각나면 실천해야 하고, 안 하면 병이 날 지경이니, 어쩌겠는가? 그런 인연으로 전라북도 교육청과 세시풍속축제를 공동으로 개최했다.

다양한 이유로 여러 번 만난 문 교육감이 나에게 파격적인 제안을 했다.

"신 선생님, 교육청으로 들어와서 전라북도 문화를 활성화합시다."

"어떻게요?"

"계약직으로 직급을 높게 해서(교장 정도의 수준에서) 모시겠습니다."

그 제안을 받고 많이 고민했다. 그래도 결론이 나지 않아 가족과도, 그리고 가깝게 지내던 지인과도 상의했다. 결론은 들어가지 않는 것으로 결론이 났다. 나 혼자 그 조직 속에 들어가 바꿀 수 있는 것은 한계가 있기 때문이었다. 그래서 정중히 거절했다. 물론 문 교육감이 있는 동안에는 가능할 테지만…. 그 뒤로도 문 교육감은 두 번을 더 들어오길 권했지만, 끝까지 사양했다.

내 인생에서 최초이자 마지막으로 월급쟁이가 될 기회를 자진 반납하고 만 것이다. 그때 만약 내가 교육청에 들어갔으면 잘했을까? 쉽지 않았을 것이다. 오랜 관료 생활에 물든 노회한 교육공무원들에게 사회생활이 뭔지도 모르는 내가 이리 치이고 저리 치이다가 문을 박차고 나오기 십상이었을 것이다.

그때 처음으로 다가온 기회를 살리지는 못했지만, 그곳으로 들어갔더라면 경험하지 못했을 수많은 일을 경험했다. 그것들이 모여 내 인생에서 가장 공을 들인 《신택리지》 11권을 다시 쓸 수 있었고, 100여 권의 책을 쓸 수 있었다.

그 당시부터 오늘의 삶까지 돌이켜보면 살아갈수록 모든 것은 운명이라는 것만을 온몸으로 체득할 뿐이다.

가을이 아름다운 전주 향교

13

나 홀로 연구소장이라는 평을 받았다

● 신정일(황토현문화연구소 소장, 문화재청 문화재위원, 문화사학자, 사단법인 우리 땅 걷기 이사장)

2011년 12월에 전화가 걸려왔다. 《한겨레 21》의 김소희 기자였다. 마이너리티 '나 홀로 연구소장'이라는 주제로 나에 대한 기사를 쓰고 싶다는 것이었다.

"이들의 연구소에 전화하면 예외 없이 소장이 직접 전화를 받는다. 근사한 명패도 부리는 직원도 없다. 재택근무나 남의 집 곁방살이도 당연하다. 하지만 밤낮없이 연구에 매달린다. 성과가 쌓이면 꼬박꼬박 책을 낸다. 독보적인 분야에다 독보적인 방법론이지만 돈이 안 되는 연구들이다. 홀로 있어도 전혀 외롭지 않은 '나 홀로 연구소장'들이 있다. 누군가는 꼭 해야 할 일을 하고 있다는 자부심 덕분이다"라고 서문을 열며, 그때 김소희 기자가 쓴 기사를 보자.

> 황토현문화연구소. 신정일 소장, '잊혀진 역사가 되살아난다'
>
> 전북 전주시 덕진구의 한 서민 아파트, 114에서 안내해준 황토현문화연구소 전화번호는 신정일 소장의 집 전화번호다. 85년 황토현문화연구회를 꾸렸을 때부터 줄곧 그의 집이 연구소다. 엄밀하게 말하면

산천이 모두 그의 연구소다. 10여 년 전부터 시작한 남녘 기행은 벌써 120회를 넘어섰다. 한 달에 꼬박 한 번씩은 대한민국의 이곳저곳을 샅샅이 누비고 다닌 것이다. 그 와중에 벌인 일도 손꼽을 수 없을 만큼 많다. 전라세시풍속보존회를 만들어 지역축제의 모습을 바꿨고, 학생들의 수학여행을 답사여행으로 정착시켰다. 전주의 크고 작은 2000여 개의 길에 원래 이름을 되찾아줬고, 각종 유적지와 향토박물관이 제 기능을 하도록 했다.

또 동학군 장수들을 비롯한 신돈, 정여립 등 잊힌 혁명가들의 삶과 철학을 복원해냈다.

전북 지역 언론들이 꼬박꼬박 찾는 향토문화의 역사에 관해서는 타의 추종을 불허하는 준비된 취재원이나 신 소장은 여전히 재야사학자다.

할 일이 많아 대학의 교수 초빙도 거절하고 쓸 글이 많아 사업 제의도 거절했다. 학자로서 이렇게 튕기는 입장이 됐지만 사실 그가 갖고 있는 정규 교육 증명서는 초등학교 졸업장이 전부다.

그는 전북 진안 깡촌에서 태어나 돈만 만지면 노름으로 날리는 부친 밑에서 내성적인 성격으로 자랐다. 3남 1녀의 가장으로 가족의 생계를 해결해야 했다. 20대에는 평생 할 노동을 다 했다 싶을 정도로 몸을 굴렸다. 신제주가 막 개발되던 78년 제주도로 가서 '곰빵'일을 했다. 공사장에서 벽돌을 올리거나 모래를 퍼 올리는 작업을 말한다. 제주여객터미널, 그랜드호텔, 교육청, 한국방송, 제주도청 등을 져서 올렸다. 벽돌 64장을 한 번에 짊어지면 120킬로그램, 3층 기준으로 하루 5000장에서 6000장을 져다 날랐다.

"죽어라 일만 했죠. 제가 체력이 원래 안 좋은데 독하게 맘먹고 일하니 되데요. 체력보다는 집념이 노동의 동력이라는 걸 알았어요."

80년대 전북 지역 운동권들 가운데 전북대 앞에 있던 '당천(당신들의 천국)'에서 학생증 한 번 안 맡기거나 외상 술 한 번 안 먹어본 사람은 드물다. 교사이던 아내의 월급날을 기다려 가게 세를 겨우 메울 정도였으나 그의 오늘을 있게 한 값진 세월이었다.

시를 쓰던 그는 이곳에서 사람들과 토론하며 진로를 문화와 역사 연구로 바꿨다. 단재 사상과 동학 철학에 눈뜬 것도 이때였다. '가방끈 긴' 동지들은 김수영 시인의 표현대로 '방을 바꾸어' 흩어졌지만 학벌도 배경도 없는 그는 계속 남았다. 95년 드디어 술집을 완전히 거덜 내고 집으로 돌아왔다.

그러나 그의 연구는 본격적으로 꽃을 피운다. 95년 《동학의 산 그 산들을 가다》를 시작으로, 《모악산》, 《지워진 이름 정여립》, 《나를 찾

강문화 해설사를 양성하자

아가는 하루 산행》 1, 2에 이어 《금강 401km》, 《섬진강 따라 걷기》까지 모두 일곱 권의 책을 펴냈다. 곧 출간되는 《한강》과 《낙동강》편을 합하면 그의 맹렬한 연구 작업을 짐작할 수 있다.
일부 역사학자들도 극찬하는 그의 책은 머리로 쓴 것이 아니라 발로 쓴 것이기에 더욱 값지다. "책과 현장이 내겐 학교였다"라는 신 소장은 앞으로 북한까지 아우르는 《신택리지》를 쓰고 싶다는 소망을 갖고 있다.

그때 나는 다음과 같이 마무리 말을 했다. "비록 혼자 해도 세상에 보탬이 되는 연구를 하는 것, 그게 학문하는 이의 자세겠죠. 요즘 저를 욕하는 이들이 많아졌어요. 옛날에는 그저 무시했는데, 재미있죠? 패권주의, 권위주의는 학계도 예외가 아닙니다. 하지만 보세요. 역대 인물 중 우리가 기억하는 이들은 당대의 세도가가 아니지 않습니까?" 황토현문화연구소의 나 홀로 소장이 말하는 '비주류의 주류학'이다. 외양과 매명에 신경 쓰는 일부 '사람 많은 연구소'에 던지는 나 홀로 연구소장의 쓴소리이기도 하다.

14

한국의 10대 강을 도보 답사하다

● 신정일(황토현문화연구소 소장, 문화재청 문화재위원, 문화사학자, 사단법인 우리 땅 걷기 이사장)

내 생애 가장 행복했던 시절을 꼽으라 하면 나는 주저치 않고 어린 시절 할머니 곁에서 가재를 잡으며 보낸 그 시절이라고 답할 것이다. 그래서 그런지 강은 항상 내 마음 깊숙한 곳에서 나를 부르곤 했고, 그것이 나로 하여금 강변을 걷게 만드는 원동력이었는지도 모른다. 그런 추억을 두고 덴마크의 철학자인 키르케고르는 그의 저서《유혹자의 일기》에 이런 글을 썼다.

> 하나의 사건이 우리들의 추억이 되기 위해서는 얼마나 먼 과거지사가 되어야 한다는 것입니까? 추억의 그리움이 다시 포착될 수 없을 만큼 되려면 얼마나 먼 과거지사가 되어야만 합니까? 대개의 사람들이 이 점에 관해서는 하나의 한계를 갖고 있습니다. 그들은 시간적으로 너무 가까운 것도 회상할 수가 없고, 또 너무 먼 것도 회상하지를 못합니다. 그러나 나는 한계를 모릅니다. 어제의 체험도 나는 1000년 전의 과거지사로 밀어버릴 수가 있고, 또는 그것을 마치 어제의 체험

같이 회상할 수가 있습니다.

그런 잊히지 않고 되살아나는 추억 때문에 나는 1990년대 초부터 우리나라 강 답사를 본격적으로 시작했다. 섬진강을 필두로 금강, 한강, 낙동강, 영산강, 동진강과 만경강, 한탄강을 셀 수도 없이 답사했다. 어떤 때는 강에 마음을 빼앗겨 오랜 시간을 걷기도 했지만, 갔다가 돌아오면 그뿐 글은 써지지 않았다. 경치가 좋은 곳이나 역사적인 곳만 돌아다니다가 오니, 말 그대로 주마간산(走馬看山)이고 주차간산(走車看山)이었다.

강 답사가라는 이름이 내 앞에 붙으니 여러 단체에서 의뢰가 들어왔고, 한겨레신문사 문화센터에서 정기적으로 강 답사를 시작하게 됐다. 하지만 강의 실체가 제대로 보이지 않았다. '어떻게 해야 강을 제대로 볼 수 있을까?' 그때 떠오른 것이 '강의 발원지에서 하구까지 천천히 걷다 보면 강의 속살을 다 볼

금강의 발원지 장수 신무산의 뜬봉샘

수 있을지 몰라' 하는 한 가닥 희망이 움트기 시작했다.

1990년대 초부터 한국의 10대강 도보 답사 계획을 세웠다. 남한에서 한강, 낙동강, 금강, 섬진강, 영산강을 걷고 북한으로 들어가 압록강, 두만강, 대동강, 예성강, 청천강을 한 발 한 발 걷자. 계획을 세우고 강을 답사한 사람이 있는가 하고 역사 속의 기록을 들춰보니, 우리나라 역사상 강을 답사한 사람은 하나도 없었다.

백두산이나 묘향산, 지리산, 청량산 등을 답사한 유산록(遊山錄)은 있으나, 유강록(遊江錄)은 눈을 씻고 찾아봐도 없었다. 왜 그럴까? 산과 달리 강은 인간의 삶과 직결돼 있어 강을 답사할 생각을 하지 못했던 것이 아닐까. 이 땅에 태어나 한번 해볼 만한 일이로구나 하는 생각이 들어 천천히 자료를 모으기 시작했다.

하지만 준비는 끝냈지만 실행이 말 그대로 쉽지가 않았다. 그러던 2000년 6월 어느 날이었다. 사단법인 하천사랑운동(금강사랑운동본부)의 김동수 사무국장을 우연인 듯, 필연인 듯 만나게 됐다. 그가 다닌 고등학교 동문 모임이 금강 지키기 운동을 하고 있다고 했다. 문득 느낌이 와서 내가 넌지시 말을 건넸다. "그 모임에서 나와 함께 금강을 발원지에서부터 금강의 하구인 군산 하굿둑까지 걸어보지 않겠느냐" 하고. 그는 처음엔 망설이더니 단체에 말해보겠다고 했다.

그 뒤 하천사랑운동의 김재승 대표를 만났더니 한번 걸어보겠다고 했다. 그는 공군사관학교를 나와 공군 대령으로 예편했다. 그 뒤 아시아나항공에서 7년간 기장으로 일했다.

2000년 가을 금강 답사를 시작했다. 장수군 장수읍 수분리 신무산 뜸봉샘에서 한국의 강 답사가 본격적으로 시작된 것이다. 나는 《금강》 서문에 이렇게 썼다.

내가 비단강이라는 이름으로 불리는 금강에 관심을 갖게 됐던 때는 동학농민혁명에 눈뜨던 80년대 중반부터였을 것이다.
황토현, 만석보 등지를 돌아보는 1차 기포의 현장에 이어 '내일은 공주, 모레는 수원, 글피는 한양 성' 하며 기세 좋게 올라갔던 수많은 동학농민군들이 통한의 눈물을 흘리며 쓰러져갔던 공주 우금치를 거쳐 곰나루에 이르러서 나는 '그때도 갑오년이고 지금도 갑오년이다'라는 어두운 시대 상황을 뼈아프게 절감하고는 했다. 그러한 연유로 우리 단체의 이름은 황토현으로 고정됐고, 동학농민혁명 100주년이 되던 1994년 초부터 《사람과 산》이라는 월간지에 '동학의 산 그 산들을 가다'라는 주제로 글을 연재하게 되면서 금강의 언저리를 계속적으로 맴돌게 됐다.
우리 단체를 비롯해서 한겨레신문사 문화센터와 여러 단체의 구성원들과 함께 10여 차례의 답사를 마쳤어도 금강은 안개 속에 싸인 채 제 모습을 보여주지 않았다. 나는 보고 싶은데… 그 금강의 전체가 아니라도 그 부분이라도 보고 싶은데, 나당연합군에 스러져간 백제와 정여립과 신동엽의 '금강' 그리고 채만식의 '탁류'에서만 언뜻언뜻 보이던 금강이 내게는 제대로 보이지 않았던 이유는 단 한 가지였다. 걸어서 가거나 주마간산이 아닌 주차간산으로 스치듯 지나갔기 때문에 어느 것 하나 내 가슴속에 각인되지 못했던 탓이었다.

2000년 9월 1일에서 30일까지 태초 이래 최초인 '한 걸음 한 걸음 금강 천릿길을 걷는다'라는 주제를 가지고 대장정에 오르게 된 것이다. '저녁밥을 먹고 한 걸음도 더 떼기 어려울 만큼 무거운 다리를 이끌며 과연 401킬로미터의 여정을 무사히 견디어낼 수 있을까' 걱정도 많이 했지만, "천하의 일은 뜻을 세우게 되는 일이 우선이다. 뜻이 지극하면 뒤에는 기(氣)가 따르게 마련이다"라는 옛사람의 말처럼 장수, 진안, 무주, 금산, 영동, 옥천, 신탄진, 공주, 부여, 강경, 군산 하굿둑으로 이어지는 우리의 여정은 계속됐다.

그러나 산길이나 다른 길과 달리 강은 길이 끊어지는 경우가 허다했다. 예를 들면 부여 부근 '지천'의 하류에는 다리가 없기 때문에 금방이면 건널 수 있는 길을 두 시간이 넘게 돌아가기도 했다. 《논어》에 "배우고 때로 익히면(學而時習之) 또한 즐겁지 아니한가(不亦說乎兒)"라는 구절이 나오는데, '울며 겨자 먹기로 돌아가는 것, 이 또한 즐겁지 아니한가'를 반복하면서 수도 없이 돌아갔던 그 길이 꿈속에서처럼 아슴푸레하게 떠오르지만 힘들었던 만큼 즐거움 또한 많았던 것이 금강 답사였다.

그랬다. 쉬운 일이 아니었다. 오로지 5만분의 1 지도에 의지해서 한 발 한 발 걸었던 우리나라의 강 길이었다. 지치고 힘들어 그만두고 싶을 때마다 나는 앙드레 지드의 《지상의 양식》 중 한 구절을 얼마나 여러 번 되뇌었던가.

> 바닷가의 모래가 부드럽다는 것을 책에서 읽는 것만으로는 만족할 수 없다. 나의 맨발이 그것을 느끼고 싶은 것이다. 먼저 감각이 앞서지 않은 지식은 그 어느 것도 나에게는 소용이 없다.
> 이 세상에서 아늑하게 아름다운 것치고 대뜸 나의 애정이 그것을 어루만져보고 싶어 하지 않았던 것이라곤 나는 일찍이 본 적이 없다.
> 정답고 아름다운 대지여, 그대의 꽃핀 화면은 희한하구나!
> 오, 나의 욕망이 들이박힌 풍경! 나의 탐색이 거닐고 있는 활짝 열린 고장. 물 위에 늘어진 파피루스나무, 줄지은 길, 강 위에 휘어진 갈대들, 숲속에 트인 빈터, 나뭇가지 사이로 나타나는 벌판, 무한한 약속, 나는 복도처럼 바위들 또는 초목들 속으로 뚫린 길을 거닐었다. 눈

앞에 전개되는 풍경을 나는 보았다.

앙드레 지드가 말한 이 말의 의미를 온몸으로 받아들이려고 시작한 강 따라 걷기를 힘에 겹다고, 갈 길이 너무 멀다고 멈출 수야 없지 않은가. 열나흘간에 걸쳐 금강을 무사히 걷고, 그다음 해 봄에 섬진강을 아흐레 만에 걸었다. 4월부터 8월까지 한강을 《사람과 산》에 연재하며 열엿새 만에 걸었고, 그리고 낙동강 열엿새, 영산강은 닷새 만에 혼자서 걸었다.

다음은 《낙동강》 중 승부터널을 건너던 시간의 글이다.

드디어 터널 앞에 다다랐다. 한 발 한 발 천천히 걸어가자 그러나 웬걸 50미터쯤 들어갔을까, 코앞도 보이지 않는다. 땀이 비 오듯 흐르고 불현듯 무서움이 밀려온다. 갈 수 있을까? 보이는 것은 아무것도 없고 캄캄한 어둠. 오직 내가 앞으로 가고 있다는 막막한 확신 하나로 나는 한 발 한 발 내딛을 뿐이다. 아무 소리도 들리지 않는다. 내가 걸음을 멈추면 아무 소리도 들리지 않는다. 움직임의 세계에서 모든 것이 정지된 세계로 나는 들어온 것이다. 걸음을 옮긴다. 그런데 철커덕 소리 들리고 나는 화들짝 놀란다. 알고 보니 자동카메라가 닫히는 소리다. 정신 바짝 차리자. 한 발 한 발 떼어놓는데, 그 넓은 좌우측의 철길이 왜 그렇듯 양쪽 발에 차이는지. 이러다가 넘어지거나 쓰러져 다치기라도 하면 나는 끝장이다. 문득 기차가 앞에서 오는 듯한 착각이 들고, 어떻게 할 것인가. 벽에 온몸을 붙인 채 숨죽이고 있거나 철길 가장자리에 납작하게 엎드려 있을 것인가. 감이 서지 않는다. 다행히 그 소리는 착각이었고 온몸에 땀이 흥건하다. 방법은 단 하나밖에 없다. 무사히 이 죽음의 터널을 빠져나가는 수밖에. 나는 너무 경솔하지 않았는가. 아무도 가지 않는 강 길을 따라 걸으며 그 순수하고 아름다운 강물을 보고 싶다는 열망 하나로 너무 무모한 선택을 하지 않았는가. 불현듯 그리운 얼굴들이 떠오르고 나 자신이 한없이 미워졌다.

어떻게 한다? 이러다 쓰러져 다치게 되면 죽을지도 모른다. 나는 지금 죽음이 그토록 두려운가? 아니다. '개똥밭에 굴러도 이승이 좋다'거나 '가난에 찌들어도, 천대를 받아도 이 세상에 사는 것이 좋다'는 말 또는 '저승 100년보다 이승 1년이 좋다'는 우리네 사생관을 나는 믿지 않는다. "죽음이란 저기 또는 여기에 있지 않고, 그는 모든 길 위에 있다. 너의 그리고 나의 내면에 깃들어 있다"라는 헤르만 헤세의 말처럼 삶이 아름다운 것이라면 죽음 또한 아름다운 것이리라 생각해왔기 때문에 어느 때 죽음이 닥치더라도 나는 그 죽음을 겸허히 받아들이리라 생각하지 않았던가. 그런데도 한 발 한 발이 천근만근이 되는 듯싶고, 내 발자국 소리가 천둥처럼 크게 울려온다. 무섭고 외롭다. 나는 소리 내어 읊조린다. 신정일, 너는 잘할 수 있어! 신정일, 너는 잘해낼 거야. 내 소리에 내가 놀라는 시간이 지나고 멀리 선 듯 빛이 보이기 시작했다. 희미한 빛, 그 빛을 따라가는 그 순간이 얼마나 길었던가. 드디어 나는 승부터널 마지막 지점에 서 있었고 그때까지 열차는 오지 않았다. 터널을 벗어나 맨 처음의 침묵을 밟으며 나는 장 그르니에의 산문 《지중해의 영감》 중 한 부분을 떠올린다. "삶이 때때로 무섭게 느껴질 때가 있다. 그렇지만 삶의 시작은 얼마나 아름다운가! 그리고 그 삶은 언제나 매일 매일 다시 시작 된다." 나는 그 말처럼 다시 철길에서 발을 떼고 다시 철길을 걸어갈 것이며, 어느 날 또다시 이런 순간에 직면할 것이다. 하지만 나는 이후엔

T. S. 엘리엇의 시 한 구절을 꼭 기억할 것이다. "근심할 것과 근심하지 말 것을 분별케 하소서, 조용히 앉아 있기를 가르쳐주소서." 내가 지나온 승부터널을 한 장의 사진으로 남기고 다시 철교를 지나자 눈빛처럼 희디흰 구절초꽃이 희망처럼 보였다. 그 강가에 늘어뜨린 채 피어 있던 한 포기의 구절초가 가슴 조렸던 내 마음의 상처를 씻어내 주는 듯싶었다.

만경강 가의 아름다운 산 압대산을 살리다

그 뒤 전라도의 강 만경강과 동진강을 걸었는데, 다음의 이야기는 만경강을 걸었을 때 일어난 일이다. 혼자 만경강을 걷고 있는데, 압대산 위에 중장비 세 대가 올라가 산을 깎고 있었다. 마을 주민에게 물었다.

"왜 저 산 정상에 중장비가 올라가 있지요?"

"17번 국도를 선형 변경하면서 산을 다 깎아서 다른 곳에 메운답니다."

산의 형세가 오리 같다는 압대산, 아름다운 벼랑 아래 소가 깊어서 물고기가 많이 사는 이 압대산이 사라질 위기에 처한 것이다. 나는 곧바로 전주문화방송국에 전화를 걸었다. 당시 내가 전주문화방송 시청자 위원으로 활동했던 관계로 전화를 하자 고차원 기자가 받았다. "이러저러한 일로 방송을 했으면 합니다." 곧바로 방송국에서 나왔고, 나는 그때 고 기자와 다음과 같은 인터뷰를 했다.

"만경강은 사행하천이었는데, 일제강점기에 직강하천이 되면서 98킬로미터였던 강이 82킬로미터로 줄어들어 지금 강가에 벼랑이 있는 곳은 삼례의 비비정과 봉동의 압대산 일대뿐이다. 이 압대산의 아름다운 벼랑을 없애면 만경강의 환경과 경관을 해칠 뿐만 아니라 이러한 경관을 다시 만들려면 몇천 억을 들여도 못 만든다."

방송이 나간 뒤 곧바로 공사가 중단되자 익산국토관리청에서 우리 집을 여러 번을 찾아와 산이 토산이라서 터널을 뚫을 수 있도록 양해를 부탁했다. 그때 나는 다음과 같이 말했다. "대한민국에서 제일 잘하는 것은 다리 놓는 것과 터널을 뚫는 것입니다."

결국 3년간 공사가 중단됐다가 터널이 뚫렸다. 세상에 태어나 제일 잘한 일 중 하나가 사라질 뻔했던 압대산에 터널을 뚫어서 살린 것이 아닐까.

그 뒤 2005년에는 행정안전부에서 공무원 생활을 하다 내려온 송하진 씨와 전주천의 발원지 슬치재에서 호성동에서 만경강으로 합류하는 전주천까지 걸었고, 이후 그는 전주시장과 전라북도지사를 지냈다.

이렇게 나의 강에 대한 그리움이 마음 깊숙한 곳에서 육화(肉化)되고, 그것이 바로 발로까지 이어지게 된 것이다. 10대강 도보 답사의 여력이 매년 장거리 도보 답사로 이어졌고, 그 경험을 바탕으로 수많은 책을 쓸 수 있었다. 뒤를 이어 매년 주제를 설정하여 섬진강(2006), 한강(2007), 금강(2008)을 걸었고, 2009년에는 낙동강, 20010년에는 영산강을 걷고서 다음과 같은 제안을 했다.

첫째, 한국의 강 발원지와 하구를 국가명승으로 지정하여 보존하고 사랑하자.

남한의 5대강은 한강, 낙동강, 금강, 섬진강, 영산강이다. 그중 한강의 발원지인 강원도 태백시 창죽동의 검용소가 2010년 국가명승 제73호로 지정됐고, 나머지 네 곳은 명승으로 지정되지 않았다. 만물을 이롭게 하면서 우리나라의 젖줄로 이 땅을 흘러가면서 5000년 동안 나라의 흥망성쇠를 지켜본 4대강의 발원지를 국가명승으로 지정해야 할 이유다.

금강은 전북 장수군 장수읍 신무산의 뜸봉샘에서 시작하여 서천과 군산

하굿둑까지 천릿길을 흐르며 수많은 역사와 문화유산을 일구어냈다. 섬진강은 또 어떤가. 전북 진안군 백운면 신암리 데미샘에서 시작하여 전남 광양시 진월면 망덕포구에서 530리 물길을 마감하고 남해로 들어간다. 전남 담양에서 시작하는 영산강도 광주와 나주를 거쳐 목포에서 서해로 들어간다.

한강의 검용소와 영산강의 용소는 흐르는 물 때문에 비롯된 소에서 시작되고, 낙동강은 태백시의 가운데에 있는 작은 연못인 황지 그리고 금강은 뜸봉샘, 섬진강은 데미샘이라는 샘에서 시작된다. 그 흐르는 물이 낮은 곳으로, 낮은 곳으로 흘러가면서 수많은 지류를 받아들이며 넓어지고 깊어져서 화엄의 바다로 들어간다. 얼마나 고귀하면서도 장엄한 일인가.

한강의 검용소에 이어서 대한민국의 4대강 발원지를 문화재청에서 국가명승으로 지정하여 우리나라 산천의 신비함과 물의 중요성을 체감하는 역사교육의 현장으로 자리매김토록 해야 할 것이다. 강이 살아야 사람도 산다. 황

섬진강의 발원지 진안군 백운면의 데미샘

지와 뜸봉샘, 데미샘, 용소에 얽힌 유래와 역사를 잘 담아내어 온 국민이 찾아가서 보고 느끼고 사랑하는 명실상부한 보물로 만들자.

둘째, 한국의 강 발원지와 하구 그리고 이름난 나루를 명승으로 지정하자.

① 1300리 낙동강의 발원지 황지

② 천릿길 금강의 발원지 뜸봉샘

③ 530리 섬진강의 발원지 데미샘

④ 350리 영산강의 발원지 담양의 용소

⑤ 한강 하구의 유도섬과 강화해협 그리고 연미정 일대

⑥ 충북 충주시 목계나루
(남한강에서 가장 큰 나루이자 시인 신경림의 목계나루)

⑦ 경북 상주시와 의성시의 낙동나루와 아름다운 누각 관수루

⑧ 금강 강경의 황산나루, 이중환의 저서 《택리지》의 산실 임리정과 팔괘정, 금강의 가장 큰 나루

⑨ 섬진강의 광양과 하동 사이 섬진나루와 홍쌍리 매화마을

⑩ 영산강의 석관나루와 석관정

그 뒤 2019년에 문화재청의 문화재위원이 되어서 정재숙 청장과 김현모 청장을 비롯한 공무원들에게 수도 없이 제안한 결과 5대강의 문화유산에 대한 용역을 실시할 수 있었다. 그사이 낙동강의 절경 안동의 고산정과 가송협 일대가 명승이 됐고, 금강의 발원지인 뜸봉샘, 섬진강의 데미샘, 낙동강의 황지, 영산강의 용소가 명승 선정을 눈앞에 두고 있다. 5000년 역사 속에 우리 민족의 젖줄이자 대동맥인 한국의 5대강이 문화유산으로 거듭나게 된 것이다.

15

조선시대 옛길을 최초로 걷다: 영남대로, 삼남대로, 관동대로

● 신정일(황토현문화연구소 소장, 문화재청 문화재위원, 문화사학자, 사단법인 우리 땅 걷기 이사장)

신경준의《산경표》나 김정호의《대동여지도》에 자세히 나와 있는 옛길이 현대에 접어들면서 눈에 띄게 사라지고 있다. 국도와 지방도로로 변화되면서 옛사람이 말을 타거나 걸어 다녔던 길이 속도 중심의 길로 변형되고 말았다.

괴나리봇짐을 메고 보름쯤 걸려서 도착했던 길이 시속 10킬로미터의 자동차로는 네다섯 시간밖에 안 걸리고, 시속 300킬로미터의 고속철로는 서울에서 부산까지 세 시간밖에 걸리지 않는다. 물론 교통이 발달한 세계화 시대에 빠른 교통량은 어쩔 수 없는 일이지만, 그 속도와 편리라는 이름 뒤에 놓치고 있는 것 또한 너무 많은 게 사실이다.

하지만 누구에게나 중요한 길, 역사 속의 수많은 시인, 묵객이 다니던 옛길을 제대로 찾아내 복원한다면 어떨까? 이 빠른 시대에 새로운 문화관광 상품으로 주목받을 수도 있다. 그런 원대한 생각을 가지고 시작한 것이 조선시대 옛길 걷기였다.

오랫동안 준비한 끝에 2004년 봄, 혼자 해남에서 갈재와 차령을 넘어 서울까지 삼남대로를 열사흘에 걸쳐 걸었다. 가을에는 그 여세를 몰아 부산 동래 읍성에서 문경새재를 지나 서울 남대문까지 이어지는 영남대로를 걸었다. 서울 교통방송국의 신현식 피디, 부산 교통방송의 최경호 피디 그리고《사람과 산》의 송현묵 씨와 함께 영남 선비들이 걸었던 것처럼 열나흘 동안 쉬지 않고 걸었다.

영남 지역 선비들이 서울로 갈 때 이용할 수 있는 네 개의 큰 고개가 있다. 죽령(竹嶺), 새재라고 불리는 조령(鳥嶺), 추풍령(秋風嶺), 괘방령(掛榜嶺)이다. 대개 죽령이나 추풍령은 넘지 않았다. 죽령은 주르륵 미끄러진다는 속설 때문에 넘지 않았고, '구름도 자고 가고 바람도 쉬어 가는 추풍령 굽이마다 한 많은 사연'이라고 남상규가 노래한 추풍령은 추풍낙엽같이 떨어진다는 속설 때문에 넘지 않았다. 그리고 문경새재는 말 그대로 경사스러운 소식을 듣는다고 해서 넘었다는 것이다.

특히 거창이나 성주, 김천, 고령 지역에서 벼슬을 하러 가거나 과거를 보러 가는 선비들은 추풍령을 넘지 않았다. 대개 그 지역 사람들은 김천시 대항면 향천리에서 충북 영동군 매곡면 어촌리로 넘어가는 괘방령을 넘었다. 괘방령은 과거에 붙어서 방이 걸린다는 의미를 지니고 있기 때문이었다.

그러한 고개나 옛길이 국도로 변모하면서 이제는 아무리 그 시절을 떠올리고자 해도 도저히 불가능한 지경이 됐다.

영남대로를 걷고 난 뒤 여러 가지 일 때문에 차일피일 미루다가 2007년 가을에 서울의 이기춘, 김선희, 고혜경, 안명숙, 민경권, 이혜리, 이수아, 용인의 박수자 등의 도반들과 함께 서울 동대문에서 대관령을 넘어 경북 울진군 평해읍까지 천릿길 관동대로를 걸었다.

옛길은 수많은 이야기를 숨겨놓고 길손을 기다리고 있었다. 그러나 안타까움도 많았다. 고즈넉한 옛길이 일제강점기에 신작로로 변했고, 이후 국도로, 고속도로로 변하는 과정에서 옛 모습을 유추할 수 없을 정도로 상실된 곳도 많았다. 그뿐만이 아니었다. 용케 살아남아 있던 길도 골프장으로 변모하거나 임도가 되기도 하고, 산업단지가 들어서면서 길의 원형을 복구하지 못할 정도로 사라진 곳도 많았다.

길을 걸으면서 옛길의 중요성과 더불어 사라져버린 길에 대한 아쉬움이 교차하기도 했다. 과연 역사 속 옛길을 현대인이 걸을 수 있도록 만드는 것이 그토록 요원한 일일까, 그게 함께 걸었던 모든 사람과 나의 끊이지 않는 화두였다.

'우리 땅 걷기' 도반들과 우리나라의 강과 옛길을 걷다 보니 지리산둘레길과 제주올레길 등이 만들어져 수많은 사람이 걷기 위해 나서고 있었다. 그 뒤

관동대로의 종착지 울진 평해읍에서

걷기 또는 도보 답사는 온 나라, 아니, 전 세계가 열풍에 휩싸일 만큼 급속도로 확산됐다. 한때는 해남에서 통일전망대나 판문점까지, 강화도에서 강릉까지 일반도로를 따라가는 종단, 횡단 도보 답사가 유행했다. 그런데 제주올레길, 지리산둘레길, 강화나들길, 변산마실길 등이 언론과 방송을 통해 알려지면서 자치단체마다 새로운 길 만들기, 길 찾기에 혈안이 되고 있다.

그동안 많은 사람이 외국의 유명한 '산티아고 순례길', '차마고도' 또는 일본 에도 시대의 옛길을 걷기 위해 해외로 나갔는데, 다행스럽게 우리의 옛길인 영남대로나 삼남대로, 관동대로를 알고 걷고자 하는 사람도 날로 늘어나고 있다. 그뿐만이 아니다. 국가에서 진행하는 대운하와 4대강 사업 이후 한강, 낙동강, 영산강, 금강, 섬진강 등 우리나라의 아름다운 강길 걷기를 선호하는 사람이 날로 늘고 있다. 옛길을 걸으며 역사와 문화 그리고 이 땅에 살았던 수많은 선인의 삶을 유추해보는 즐거움도 누릴 수 있다.

옛길이라 함은 어디를 말하는 것일까? 삼국시대에는 각국의 도읍지를 중심으로 재민도로가 설치되어 있었고, 고려시대에는 개경을 중심으로 도로망이 개설됐다. 산예도, 금교도, 절령도를 비롯한 22개의 도로가 역로로서 개설됐다.

조선시대에 접어들면서 개경 중심의 도로망이 이제 한양 중심으로 재편되기 시작했다. 전국 도로망의 기준점은 성문(城門)이었다. 조선시대 전국 도로의 기점은 돈화문이었고, 그곳에서 각 성문인 4대문으로 이어졌다. 4대문인 숭례문(崇禮門, 남대문), 흥인문(興仁門, 동대문), 돈의문(敦義門, 서대문)까지는 경복궁의 광화문 또는 창덕궁의 돈화문이 그 기점이고, 전국 각 지방으로 뻗는 의주로(義州路, 한양·의주), 우로(右路, 한양·해남), 중로(中路, 한양·통영) 그리고 강화로 이어지는 도로는 숭례문이 그 시작점이었다. 대개 공식적으로 출발하는 대문은 도성의 남대문인 숭례문과 동대문인 흥인문이었다. 따라서 이들 방면의 출

삼남대로, 영남대로의 출발지 숭례문

발점이 전국의 도로망과 연결됐다.

1770년(영조 46) 홍봉한(洪鳳漢) 등이 왕명을 받아 편찬한 《문헌비고(文獻備考)》에는 조선의 9대 간선도로가 기술돼 있다.

제1호로: 서울에서 의주를 연결하는 도로. 연행로 또는 사행로라고 한다. 전국의 간선도로 가운데 가장 비중이 컸던 이 도로는 명나라와 청나라 사신의 내왕로였기 때문에 정비가 가장 잘된 도로였다.

제2호로: 서울에서 원산을 거쳐 함경북도 서수라로 연결되는 도로다.

제3호로: 서울에서 동해안의 평해로 연결되는 도로. 관동대로라는 별칭이 있다.

제4호로: 서울에서 용인과 충주, 문경새재, 상주, 밀양을 거쳐 부산으로 연결되는 도로. 영남좌도 또는 영남중로 또는 영남대로라고 한다.

제5호로: 서울에서 경상도 김천을 거쳐 통영으로 이어지는 도로. 중로라고도 한다.

제6호로: 서울에서 경상도 통영을 잇는 도로. 동작진을 지나 남태령을 넘으면 과천이다. 수원을 지나 천안에 이르고 공주와 은진(지금의 논산)을 지나 여산에 이른다. 삼례와 전주, 오수, 남원, 함양, 산청, 진주를 거쳐 통영으로 가는 일명 통영대로다.

제7호로: 서울에서 삼례에 이르는 길은 같고 전주, 태인, 정읍, 나주, 강진을 거쳐 해남의 이진항에서 제주의 조천관을 거쳐 관덕정에 이르는 도로. 삼남대로라고 한다.

제8호로: 서울에서 평택의 소사까지는 같고 소사, 평택, 요로원, 곡교천, 신창, 신례원을 거쳐 충청도 수영에 이르는 길이다.

제9호로: 서울에서 강화를 연결하는 간선도로. 서울, 양화도, 양천, 김포, 통진, 강화로 이어진다.

정읍과 장성을 잇는 갈재와.

전주 흑석골에서 구이 평촌으로 넘어가는 보광재.

진안과 완주를 잇는 웅치재는 사적으로 지정되었다.

허준의 《동의보감》에 나오는 "약보(藥補)보다 식보(食補)가 낫고, 식보보다 행보(行補)가 낫다"라는 구절이 유효한 시대가 바로 지금의 시대가 맞기는 맞는가 보다. 2006년에 대관령 옛길, 문경새재, 하늘재, 죽령 옛길, 구룡령 옛길, '토끼비리' 관갑천 잔도 등이 문화재청에 의해 국가명승으로 지정됐고, 2020년에는 장성과 정읍을 잇는 갈재, 영암과 강진을 잇는 누릿재, 양평의 구질현이라고 불리는 구둔재, 평창과 정선을 잇는 칠족령 등이 새롭게 지정됐다. 전주의 보광재와 삼척의 소공령재 등은 명승이 될 날을 기다리고 있다.

16

한나라당 연찬회에 강사로 참여하다

● 신정일(황토현문화연구소 소장, 문화재청 문화재위원, 문화사학자, 사단법인 우리 땅 걷기 이사장)

살다 보면 전혀 예상하지 못했던 일이 다가올 때가 있다. 2004년 〈다시 쓰는 택리지〉를 출간하고, 여름 작열하는 8월의 폭염 속을 걷고 있는데, 웬 전화가 걸려왔다.

"신정일 선생님이시죠?"

"누구신데요?" "한나라당 당삽니다." "무슨 일이시죠?"

"이번에 한나라당에서 박근혜 대표를 비롯 121명의 국회의원이 전남 곡성 섬진강에서 영호남 화합을 위한 연찬회를 하는데, 우리 당 국회의원들과 함께 걸으며 강연을 해주셨으면 합니다.

기분이 묘했다. 내놓을 것도 별로 없는 내가 그 대단한 사람들이 모인 곳에 가서 강연을 한다니…. 자신이 있고 없고를 떠나 정치적인 곳에 가고 싶은 생각이 들지 않았다.

"가고 싶지 않습니다."

"왜 그러시죠?"

“나는 열린우리당을 좋아하지도 않지만 한나라당도 좋아하지 않거든요.”

그렇게 세 번을 거절했다. 그런데 그때 포항 지역에 지역구를 둔 이병석 국회의원의 전화가 걸려왔다.

“신정일 선생님, 마지막으로 한 번만 더 부탁드리겠습니다. 신정일 선생님, ‘한나라당이 변화해야 대한민국이 변한다’ 이런 주제로 강연을 해주실 수는 있지 않겠습니까?”

달리 거절할 수가 없었다. 한나라당이 변화하고 모든 당이 변화해야 이 나라가 변화할 테니까? 약속한 날이 왔다. 8월 말이었다. 서울에서 출발한 한나라당 의원들을 남원 만인의총에서 만났다. 만인의총 참배를 마친 후 버스를 타고 박근혜 대표 옆에 앉아서 섬진강으로 향했다. 이런저런 몇 마디 얘기를 주고받았지만 어떤 이야기를 나누었는지는 확실하지 않다. 현장에 도착하자 강바람이 잔잔히 불고 있었다. 하지만 그때까지만 해도 늦여름이라 더웠다.

국회 장세환 의원과 함께 길의 날 제정 세미나를 열다

강가에 자리 잡고 강연을 하게 되었다. 그때 문득 양말을 벗고 탁족을 하면서 강연을 하고 하면 어떨까 싶어, "날도 더운데 양말을 벗고 탁족을 하면서 합시다" 했더니 "좋습니다" 하고 모든 사람이 신발을 벗고 양말을 벗었다. 그런데 박근혜 대표만 안 벗는 것이었다. "왜 박 대표님은 양말을 안 벗습니까?" 하고 물었더니, "저는 이대로 강연을 들을게요" 하는 것이었다.

그날의 주제는 강과 길이었다. 우리나라 강의 역사, 오늘의 현황 그리고 강을 인문학적으로 풀어 한 시간쯤 강연을 했다. 강연을 마치고 나오자 제일 먼저 김문수 의원이 큰 노트를 가지고 내게 다가왔다. "선생님, 저도 성경을 많이 읽는 편인데, 아까 선생님이 말한 사도 바울의 '나는 매일 죽노라'라는 구절을 왜 읽지 못했을까요. 이 노트에다가 사도 바울이라고 쓰지 말고, 신정일이라고 사인을 해서 '나는 매일 죽노라'라고 써주십시오."

그 노트에 글을 쓰고 있는데, 맹형규 의원이 여성 국회의원들과 함께 내게로 다가오며 한마디 했다. "선생님, 오늘 강연 재미있었는데요. 남자는 매일 죽으면 큰일 나잖아요." 내가 말한 '나는 매일 죽노라'라는 말의 의미는 헤라클레이토스가 말한 그 말과 같은 의미로, 매일 새롭게 흘러가고 흘러가는 강의 의미를 강조한 말이었다.

맹형규 의원과 이야기를 나누고 있는 사이 부산의 모 국회의원이 대구의 모 국회의원에게 "의원님, 내게 약 값을 주셔야 하겠습니다"라고 말하는 것이었다. 그러자 "왜요?" 하고 되받았다. "강연 중에 신정일 선생님이 낙동강 유역에서 회자되는 말을 했잖아요? '안동 똥물 대구 사람들이 먹고, 대구 똥물 부산 사람들이 먹는다'고. 그래서 그런지 내가 장이 안 좋거든요. 약 사먹게 약 값을 주어야지요?" 그 말을 들은 대구 지역 국회의원이 한마디 했다. "그런 소리 하지 말아요. 우리는 팔공산에서 내려오는 산삼 썩은 물을 먹으니 오히려 산삼 값을 우리에게 주셔야 하지요?"

나는 그들의 대화를 보며 국회의원들이 정말로 말을 잘하는구나 하는 것을 몇 마디 말 속에서 느낄 수 있었다. 곧바로 원주가 지역구인 이계진 의원이 내게 다가왔다. 이계진 의원과는 오래전부터 방송을 여러 번 했던 터라 구면이었다. "선생님, 강연 중에 했던 말, 강의 덕목은 겸손이라는 말, 잊히지가 않습니다. 낮은 곳으로만 내려가는 강의 순리, 그것을 정치를 하건 안 하건 나의 마음속 지표로 삼고 살아가겠습니다."

그때 이재오 의원이 다가와 시니컬한 목소리로 내게 말하는 것이었다. "강연 재미있게 들었습니다." 그의 말이 끝나기도 전에 여성 국회의원이 다가와 명함을 내밀었다. 명함을 보자 비례대표 국회의원이었다. "선생님, 제가 고등학교 때까지 헤르만 헤세를 무척 좋아했거든요. 의과대학교에 들어가 공부에 몰두하면서 잊었던 헤르만 헤세의《싯다르타》를 오늘 섬진강 변에서 들을 줄이야." 내게 말을 건네는 여성 국회의원은 50이 넘은 나이일 것 같은데, 마치 소녀 시절로 돌아간 듯 들떠 있었다.

강연 중에 나는 강물은 듣는 장소에 따라서 들리는 소리가 각각 다르다는 것을 이야기하면서《싯다르타》에 나오는 구절을 인용했다. 싯다르타가 강가에서 배운 것은 '기다리는 것과 참는 것과 귀를 기울여 듣는 것'이었다. 현대인에게 가장 부족한 것 세 가지를 통해 깨달음을 얻은 싯다르타는 다음과 같이 술회한다. "세상을 꿰뚫어보고 세상을 경멸하는 건 위대한 사상가가 할 일이다. 나한테 중요한 것은 단 하나, 세상을 사랑할 수 있다는 것, 세상과 나와 모든 존재를 사랑과 경탄과 경외심으로 관찰할 수 있다는 것이다."

그날 나는 강을 주제로 여러 가지를 이야기했다. 그런데 사람들은 저마다 다른 의미를 포착해 자기만의 기억을 되살려냈다. 그것이 바로 강연의 묘미라는 것을 그날 깨달았고, 한나라당은 집권하자마자 대운하를 이야기하다가 4대강 사업을 실시했으며, 신기한 것은 그 뒤 온 나라에 걷기 붐이 일기 시작했다.

17

걷기에 대한 거대담론이 시작되다

● 신정일(황토현문화연구소 소장, 문화재청 문화재위원, 문화사학자, 사단법인 우리 땅 걷기 이사장)

한나라당 연찬회가 끝난 뒤 김문수 의원으로부터 한 번 만나자는 연락이 왔다. 이덕일, 김병기 선생과 함께 의원회관으로 갔더니, 서울대학교 지리학과 교수이자 세계 지리학회 부회장인 유우익 교수가 함께 있었다. 그 당시 여러 얘기를 나눴는데, 그때 《택리지》를 집필할 때의 문제점인 지리학과 역사학이 분리되어 있는 것이 오히려 불편한 게 아닌가를 물었고, 유 교수는 그 나름대로 진단을 내놓았다. "서울대가 동숭동에 있을 때는 통합 학문이었는데, 신림동으로 옮기면서부터 학문이 분화됐지요. 개인 생각으로는 지리학과 역사학은 통합되어야 한다고 생각합니다."

오늘날 학문의 분화를 우려하는 목소리가 많다 보니 통섭이네, 뭐네 하는 말이 많이 나오지만, 결국 학문의 꽃인 인문학이 부활해야 모든 학문이 자연스럽게 발전하지 않겠는가? 조용헌 선생이 언젠가 나에게 건넸던 말이 있다. "모기 간을 공부한 사람은 평생을 모기 간밖에 모르다가 죽지요." 모기 간을 제대로 아는 것만 해도 괜찮을 것이다. 하지만 그 언저리만 맴돌고 있는 사람들이 얼마나 많은가?

지금 생각해보아도 한나라당에서 어떻게 나에게 섬진강을 걸으며 강연을 들을 계획을 세웠는지 고개를 갸우뚱할 때가 있다. 그때는 지리산둘레길이나 제주올레길도 생기지 않았고, 걷는 사람은 극히 일부일 때였다. 당시만 해도 먼 길 걷다가 가장 자주 듣는 질문이 "어디를 걸어가시오?"였다. "어디에서 어디까지 걷고 있습니다" 하고 답하면 나오는 질문은 정해져 있었다.

"누가 돈 주요?"

"아니요. 누가 돈을 줍니까?"

"돈 안 주면 걷지 마소."

그때까지만 해도 많은 이들이 머슴 근성에 물들어 있었다. 새경(품삯)을 주지 않으면 일을 안 하는 머슴처럼 걷는 것까지도 돈을 안 주면 걷지 않은 것이다. 그런데 불과 몇 년 사이에 자기 돈 내고 금싸라기 같은 시간을 내서 죽기 살기로 걷고 있으니, 그들은 사르트르의 "인간은 걸을 수 있을 때까지만 존재한다"라는 말의 비밀을 터득한 것일까?

역사는 지극히 작은 부분에서 크게 분화할 때가 있다. 걷기가 바로 그렇다. "걷기는 세상을 여행하는 가장 좋은 방법이고, 마음속을 여행하는 가장 좋은 방법이다." 그것을 사람들이 체득한 것이다.

그 몇 해 뒤에 서울대학교 보건대학원에서 '걷기와 우리나라의 길'을 주제로 강연을 한 적이 있다. 그때 나는 다음과 같은 예를 들었다. "예전에 전매청에서 담배의 해로운 점을 담배의 케이스에 다음과 같이 삽입했던 적이 있지요. '지나친 흡연은 건강에 해롭습니다.' 앞으로 걷는 인구가 늘어나게 되면 약국과 병원을 사람들이 잘 찾지 않게 될지도 모릅니다. 그때는 의학자들이 틀림없이 '지나친 걷기는 건강에 해롭습니다'라는 표어를 만들어낼지도 모릅니다."

그 말을 듣고 모든 사람이 박장대소를 터뜨렸는데, 몇 달 뒤에 모 방송국에서 '지나친 걷기는 건강에 해롭습니다'라는 주제로 보도를 했다. 내게도 약간은 미래를 내다보는 신기(神氣)가 있는 것인가. 예언처럼 한 그 말이 들어맞다니.

그 뒤 나는 우리나라 최초의 길 프로젝트인 '천리 길 프로젝트'에 참여했다. 2006년 서울대학교 환경대학원의 정휘 조교로부터 연락이 왔다. 환경부와 함께 대한민국 천리 길 프로젝트를 준비하는데, 자문을 해달라는 것이었다. 당시 대학원장이 양병이 교수였고, 나는 우리 땅 걷기에서 매달 한강을 걷고 있을 때였다. 정휘 조교는 대학원생들과 함께 한강을 걷기도 했으며, 전주 우리 집을 여러 차례 오가며 영남대로, 삼남대로, 관동대로를 걷기도 했다. 그러면서 옛길과 한국의 8대강을 주제로 길을 잇는 프로그램을 만들었다. 그때 내가 자문을 했고, 서울대학교 환경대학원에서 우리나라 길을 주제로 공개강연

국회 장세환 의원과 함께 길의 날 제정 세미나를 열다

을 하기도 했다.

결국 환경부와 공동으로 경북 봉화군 명호면에 자리한 청량산에서 도산서원에 이르는 '퇴계오솔길'을 길 프로젝트의 첫 번째로 만들게 됐다. 퇴계 이황의 발자취를 따라가는 길이었다. 경상북도 도립공원이면서 퇴계의 가문인 진성이씨의 종중산에 위치한 퇴계의 정자 오산당(吾山堂)에서 출발해, 청량사를 지나고 낙동강을 따라가다 고산정에 이르고 단천마을을 지나 이육사의 고향마을과 퇴례 종택을 지나 도산서원에 이르는 퇴계오솔길은 그렇게 만들어진 것이다.

동양권, 특히 일본과 중국 그리고 미국과 유럽에서도 퇴계학을 공부하는 사람들이 많이 있다. 그들이 한국을 찾아와 독일의 철학자인 칸트의 자취를 찾는 철학자의 길을 걷는 것처럼 퇴계의 발자취를 따라 걷는다면 얼마나 좋을까?

그 뒤 1987년 도법스님을 중심으로 지리산둘레길과 서명숙 기자를 중심으로 제주올레길이 만들어지면서 대한민국에 걷기 열풍이 불기 시작했다.

걷기 열풍이 불기 시작한 2008년 초던가 문체부의 홍성운 사무관에게서 연락이 왔다. 문체부에서 조성하는 〈이야기가 있는 문화생태탐방로〉의 선정위원이 되어달라는 것이었다. 그때 2007년에 우리 땅 걷기에서 삼천포대교에서 남해대교까지 닷새 동안 걸었던 남해 바닷가 길이 〈남해 바래길〉로 선정되었고, 〈다산 유배길〉 〈고창 질마재 길〉, 〈영덕 블루로드 길〉 〈남한강 변 여강길〉 〈소백산 자락길〉이 선정되었다. 그리고 〈강화 심도길〉은 〈강화나들길〉로 이름을 바꾸어 선정되었고, 9개의 길이 태어났다.

항상 꿈을 꾸게나, 꿈은 공짜라네.

1980년대 중반에 시작된 황토현문화연구회의
문화운동이 우리 땅 걷기로 전이해가면서
수많은 문화사업들을 펼칠 수 있었던 것은
학연, 혈연, 지연에 따르지 않고,
뜻 있는 일을 세상에 제대로 알린 언론인(방송과 신문)들의
노고에 힘입은 바 큽니다.
이 자리를 빌어서 전주 KBS. MBC. JTV와 전라북도의
모든 신문사 기자들에게 고마움을 전합니다.
모든 것이 부족했던 시대라서 '아무렇게나 먹고, 아무렇게나 자고,
바라보는 모든 것에 경탄할 것'을 강조하며 나라 곳곳을 답사하며 펼쳤던
문화의 불꽃에 함께 한 사람들의 이름을 생각난 대로 기록합니다.

신정일, 김판용. 신형교. 김성식, 이정관. 김송영.
김용락. 손효순. 이상은. 권희숙. 조효숙. 허숙희. 최성기, 김연.
이숙희, 조성자, 최효옥. 김정희, 김애이, 유재훈, 강영자. 이해규, 서지영.
정학섭, 조용헌, 오재성. 유종완, 정강우. 조종명. 옥주보살, 김홍선,
정재욱, 손현주, 배규재, 장교완, 유철상, 윤영숙. 이정만.
양진성. 이복남. 양진환, 정성엽, 신순철. 신선한, 나원경, 강문숙,
이성희, 신지원, 심인숙, 양순덕, 신나라, 박준열, 최병선, 유재열,
이대원, 주용기, 강성호, 손옥수, 이도학, 최명우,윤정모, 이도학.
최행곤, 유경하, 조민주, 박병준, 염경형, 정선아, 강성도,
김인환, 류재훈, 이희태, 주량거, 김인철,
김명성, 최정근, 유광석, 신현식, 최경호, 오중호,

김개남. 전봉준. 손화중. 견훤. 정여립, 허균, 강희남, 김환옥, 김지하,
김남주, 이태호, 주강현, 이이화, 신영복, 최현식, 우윤. 박기성, 홍석하.
김준태, 이운룡, 김용택, 안도현, 서홍관. 백학기. 신경림. 정희성,
김원일, 도종환, 김기홍. 김해화, 박남준, 정양, 이병초. 김하기.
김형수.: 정도상. 이병천, 장원. 추만호. 박태순, 황헌만. 안치환.
그림자처럼 따라다녔던 안기부 요원과 보안사 요원들에게도
고생했다는 말을 전하고 싶습니다.

산다는 것은 떠돈다는 것이고 쉰다는 것은 죽는다는 것이다.
성현의 말을 떠올리며 걷고 또 걸읍시다.

제3부

우리 땅 걷기로 새롭게 탄생하다

01 나라에서 최초의 걷기 단체인 〈우리 땅 걷기〉를 사단법인으로 발족하다. 황선철

02 보행자 전용도로를 만들기를 제안하다. 편집부

03 나라 안에서 최초로 〈길의 날〉을 지정하고 〈길 문화 축제〉를 열기 시작했다. 편집부

04 역사의 길을 문화재나 명승지로 지정하자. 편집부

05 대한민국 길 박물관을 만들자. 편집부

06 한국의 강 발원지와 하구를 국가 명승으로 지정하여 보존하고, 사랑하자. 신정일

07 우리나라에서 가장 긴 도보 코스인 해파랑길(동해트레일)을 제안하다. 신정일

08 하룻밤 새 소백산 자락길을 기획하다. 신정일

09 백두대간 자락을 따라가는 마실길을 만들자. 신정일

10 변산 마실길을 기획하다. 신정일

11 전주 천년 고도 옛길을 찾아냈다. 편집부

01

우리나라 최초의 걷기 단체인 '우리 땅 걷기'를 사단법인으로 발족하다

● 황선철(변호사, 대한변협 전 부협회장)

2005년 5월 서울 남산 국립극장 앞에서 하나의 이색적인 단체가 결성됐다. 이 행사에 참여하기 위해 남산에 모인 사람들은 나라의 여러 지역에서 새벽에 출발한 이들이었다. 부산, 광주 전주, 대구, 경주, 서울, 부산, 인천, 춘천에 사는 사람들이 숭례문에 모여서 서울 성곽 종주 길의 첫 부분인 남산 길을 걸어서 이 자리에 모인 것이다.

(사단법인) '우리 땅 걷기'가 만천하에 태어났음을 알린 것이다. 물론 2002년 다음 카페에 '산강'이라는 카페를 개설한 것으로 잡을 수도 있고, 1885년 12월 25일을 처음 발족일로 잡을 수도 있을 것이다. 하지만 공식적으로 여러 단체들이 모여 새로운 출범식을 갖고 대한민국의 걷기 문화를 선도하기 위해서 창립식을 갖게 된 것이다.

강호동양학연구소 조용헌, 역사학자 이덕일, 경주의 답사가 이재호, 박기성 씨, 《사람과 산》의 홍석하 사장, 지금은 국회의원이 된 김성주, 황안나 씨, 전주방송총국의 서향숙 아나운서 그리고 여러 단체에서 온 사람들까지 한

300명은 족히 됐을 것이다. 그때 우리 땅 걷기 발족 즈음의 상황을 《중앙일보》의 조우석 전문 기자는 다음과 같이 보도했다.

"현대인들은 일단 차만 버리면 모든 것을 얻을 수 있지요." (문화정책연구소, 정희섭)

"고속철도의 속도혁명을 말하는 요즘인데, 우리들이 펼칠 걷기 운동은 완전히 거꾸로 가는 것 아닌가요?" (재야역사학자 이덕일)

"그렇죠. 확신하건대, 걷기야말로 진짜 웰빙이죠. 빠름에 길들여진 우리들이 느림을 재발견하는 계기이고요. 우리 땅과 물줄기를 스쳐 가는 주차간산 여행과 또 다른 국토 사랑의 답사입니다." (신정일)

우리 땅 걷기 창립대회. 서울 남산 국립극장에서 이덕일, 조용헌, 서향숙, 황안나, 안태현, 김성주

박자가 척척 맞는다. 5월 창립총회와 함께 발족한 전국 단위의 (사단법인) 우리 땅 걷기, 사실 이 모임의 회원들은 제도권 밖에서 활동해왔다는 공통점을 갖고 있다. 분류컨대 '강호파'이며, '삶의 8할'을 길 위에서 보낸 이들은 지난달 23일 서울시내 안산을 찾아 도반으로 뭉쳤다. 어렵지 않게 합의를 보았다. 핵심은 모두 두 발뒤꿈치로 걷는다는 것이다.

이날 모임에 참석한 조용헌 소장이 소개한 장자의 말대로 "참 사람은 발뒤꿈치로 호흡을 한다(眞人踣息)"라는 식이다. 즉 '걷기 웰빙족'은 봄이 무르익으면 무리 지어 남강이나 동강을 따라 걷기로 했다. 또 겨울이면 눈 덮인 풍경이 특히 아름다운 해미읍성이나 낙안읍성을 더듬기로 했다.

전주 KBS 서향숙 아나운서의 사회로 진행된 이날 행사를 통해 우리나라에서 걷기 모임이 최초로 발족했다. 감개가 무량했다. 아무도 걷지 않는 그 먼 길을 걷다 보니 이렇게 뜻이 맞는 도반들이 모여들었다. 얼마나 신기한 일인가.

대한민국에서 최초로 걷기 단체인 우리 땅 걷기를 발족하다.

그다음 해인 2006년 10월 환경부에 '사단법인 우리 땅 걷기'를 발족시켰다. 대한민국 역사상 최초로 걷기를 중심으로 한 사단법인 단체가 결성된 것이다. "우리나라의 강과 산을 걸으면서 국토에 대한 사랑과 환경 보전에 대한 의식을 고취하고, 강 박물관과 강 문화축제 등 강의 중요성을 인식시키는 아카데미를 설립하고, 환경 · 역사 · 문화를 위한 보전 방안 연구 및 각종 세미나를 개최할 것"을 천명하며 태어난 우리 땅 걷기의 초대 이사는 다음과 같다. 신정일, 윤영숙, 이재호, 김판용, 윤진삼 등.

그 뒤를 이어 길의 날을 제정하고, 길 문화축제를 열기 시작했다. 그러자 우리나라의 옛길과 10대강 도보 답사에 많은 사람들이 나서기 시작했다. '세상은 걸어볼 만하다'고 말하지 않던가. 다시 말해서 '세상은 살아볼 만하다'고 외치면서 우리 국토를 천천히 걷기 시작한 것이다.

02

보행자 전용도로 만들기를 제안하다

● 편집부

길은 사람과 사람이 만나는 지점이다. 그곳에서 모든 역사가 시작됐다고 해도 과언이 아닐 만큼 길은 사람과 사람을 만나게 했다. 하지만 언제부터인가 사람이 다니는 길은 천덕꾸러기 신세가 되어버리고 차가 다니는 길이 중심이 됐다. 여기저기 차를 탄 사람을 실어 나르는 길만 이야기될 뿐이다.

속도가 중시되는 그 길, 곧 국도 또는 지방도를 21세기 사람들은 여러 가지 이유로 걸어간다. 우리 국토를 제대로 이해하기 위해서, 개인의 건강이나 집단의 이익을 관철하기 위해서(새만금, 동계올림픽 등) 또는 한가로움과 정신 수양을 위해서 말이다.

하지만 그 길이 안전하지 않다는 것에 문제가 있다. 그래서 시작한 운동이 '전국 도로에 보행로 만들기'였다. 서울 인사동 입구에서 조용헌, 이덕일, 신생을 비롯하여 풍수지리가인 최명우 그리고 우리 땅 걷기 모임 회원들이 모여 '전국 도로에 보행로 만들 것'을 요청하는 서명을 받았다.

그렇다면 오늘날 우리는 어떤 길을 걷고 있는가? 기원전 401년에 태어난 철학자 소포클레스는《콜로누스의 오이디푸스》에서 "세상의 어느 누가 불행으로부터 안전할까?"라고 얘기했다. 그의 말처럼 개발 지상국인 대한민국에서 산다는 것은 순전히 '운'이라는 말이 있다. 느닷없이 산사태가 나서 흙 속에 묻히질 않나, 지하철 공사장이 무너져서 땅 밑으로 들어가질 않나, 두부가 잘려 나가듯 다리가 무너져 내리질 않나, 느닷없이 쇼핑 도중 백화점이 붕괴되질 않나.

물론 "삶을 기뻐한다는 것이 미혹(迷惑)이 아닌지를 내 어찌 알겠소? 죽음을 싫어한다는 것이, 어려서 고향을 떠난 채 돌아갈 길을 잃은 사람이 아닌지를 내 어찌 알겠소?"라고 한 장자의 말처럼 생(生)과 사(死)에 구애받지 않는 방법도 있다. 하지만 그 많은 우연 같은 필연의 불행이 올 수도 있다는 것을 부정할 수는 없지만 우리나라의 지방도나 국도를 자전거를 타거나 걸어서 멀리 간다는 것은 실로 쉬운 일이 아니다.

특히 국도를 걸을 때는 가족을 위해 생명보험을 들어놓고 가지 않으면 안 될 정도로 죽음을 각오해야 한다. 우리나라의 지방도나 국도 전체가 넓은 도살장으로 변한 것이 어제오늘의 일이 아니다. 개, 고양이, 너구리, 토끼를 비롯한 온갖 짐승과 날아다니는 새까지 길 위에서 비명횡사하고 있다. 쏜살같이 지나가는 자동차(특히 화물차)가 일으키는 바람에 쓰고 있던 모자가 날아가고 쓰러질 듯 몸이 휘청거린다. 하루에도 몇 번씩 이 길 위에서 죽음을 맞지 않을까 염려하면서 걷는다.

따라서 기계(자동차, 기차 등)가 다니는 길과 나란히 사람이 다닐 수 있는 길을 만들어야 한다. 이렇게 사람과 물질은 공존해야 하고, 그럼으로써 전통과 현대의 연결 고리가 될 수 있다. 반만년의 유구한 역사와 함께해온 길을 지금 되찾고 보존하지 않으면 완전히 망가지고 말 것이다. 우리나라의 산과 일곱 개의 강 그리고 해남의 이진항에서 서울까지 이어지는 삼남대로를 걸으면서 느낀 점이다. 그러한 길과 역사 속의 길을 되찾고 영원히 잊지 않게 하기 위해서라도 옛길의 보존이 절실히 요구되는 시점이다.

역사 속에 남아 있는 그 길, 즉 《세종실록지리지》나 신경준의 《산경표》, 고산자 김정호의 《대동여지도》에 나타난 몇 개의 중요한 길 옆에 사람이 걸을 수 있는 보행로, 특히 흙길을 건설해야 한다. 로마의 길과 일본 에도 시대의 길이 오랜 세월을 두고 그대로 보존되고 있듯 우리의 옛길도 역사와 함께하는 길, 문화와 함께하는 길로 만들고, 가능하다면 이 길을 국립공원이나 문화재로 지정해야 할 것이다.

역사 속에 실재했던 옛길을 복원하여 보행로로 만들고 우리 국민의 보행권을 확보하는 것은 우리 삶의 질을 향상시킴과 동시에 우리 국토의 재발견과 우리 민족의 숨결을 느낄 수 있는 중요한 계기가 될 것이다.

그 길을 만드는 것이 그다지 어려운 일은 아닐 것이다. 자치단체마다 스스

신정일, 김병기, 이재호, 이덕일, 신현식, 박기성, 윤진삼

로의 구역을 설정하여 보행자 전용 도로를 만들고, 나아가 자전거 도로까지 함께 만든다면 그 길이 해남에서 의주까지, 의주에서 압록강을 건너 북경을 지나 실크로드를 거쳐 파리로 이어질 것이고, 또한 부산에서 서울, 서울에서 나진 · 선봉을 거쳐 블라디보스토크를 거쳐 모스크바로 이어질 것이다. 그리하여 길의 소통, 세상과의 소통이 이루어질 것이다.

물론 수많은 국도와 고속도로, 2004년 4월 개통된 고속철도, 그리고 하늘길과 뱃길이 거미줄처럼 연결되어 있는 오늘의 현실에서 옛길이나 강가의 길이 무슨 의미가 있겠는가 할 수도 있지만, 사람의 발길이 이어지는 한 그 길을 따라 걷는 발길 또한 그치지 않을 것이기에 그 길의 복원이 중요한 것이다. 또한 우리의 옛길은 직선이기 때문에 역사의 길을 따라 새로운 삼남대로나 영남대로를 만든다면 지금보다 몇십 킬로미터는 단축되니 물류비를 획기적으로 줄일 수 있을 것이다.

'언젠가부터 길을 걷는다는 것은 목숨을 걸고 행하는 것이 되어버렸다. 지금은 완전히 찻길만 있다. 그래서 역사적인 길도 중요하지만 고속도로와 국도 옆에 보행자가 다닐 수 있는 길을 만들어야 한다. 차도와 분리된 인도를 만들자는 것이다. 앞으로 내는 모든 길에는 보행자 전용 도로를 함께 만들자'라는 취지에서 '전국의 모든 도로에 사람이 걸을 수 있는 보행로를 만들어 달라'라는 서명을 받아 청와대와 국토부를 비롯해 여러 기관에 공문을 보냈다. 그 결과 청와대로부터 고속도로와 자동차 전용 도로를 제외한 새로 만드는 전국의 모든 도로에 보행로를 만들겠다는 회신을 받았다. 그때 모 언론사와 다음과 같은 인터뷰를 했다.

역사의 길은 보존되어야 합니다. 삼남대로, 영남대로, 관동대로, 강화로 등 조선시대의 아홉 개 길은 에도 시대의 길이나 로마의 길처럼 문화재로 지정해야 합니다. 지금 다 사라지고 있어요. 이제라도 보존하지 않으면 안 됩니다. 경상도에는 구미시의 장천면에서 해평으로 오는 길이 아직도 남아 있어요. 사대부 외에 일반인이 가는 길이 힘들었기 때문에 그곳을 '서울 나들이길'이라고 해요. 그것은 문화자원으로 충분히 활용할 가치가 있습니다.

"눈에서 멀어지면 마음도 멀어진다"라는 말이 있다. 우리나라의 옛길인 역사의 길을 걷기 위해서는 우리 민족의 대동맥이던 영남대로나 삼남대로를 처음부터 끝까지 걸을 수 있는 보행로부터 하루속히 만들어야 할 것이다. 그런 노력이 결실을 맺어 바로 청와대로부터 앞으로 모든 길에 보행로를 만들겠다는 회신이 왔고, 몇 년 전에는 국가 차원에서 그런 발표가 났다. 눈에 보이지는 않지만 역사는 차츰차츰 발전하고 있지 않는가.

03

'길의 날'을 지정하고 '길 문화축제'를 열기 시작하다

● 편집부

지방자치제가 실시된 뒤 제일 많이 늘어난 것이 바로 지역축제다. 이름도 신기한 축제가 마치 비 온 뒤 대나무밭에서 죽순이 솟아나듯 생겨나 그 수를 헤아릴 수도 없이 많다. 그 축제뿐만이 아니다. 국가공휴일에서부터 농업인의 날, 장애인의 날이 들어 있는 달에도 몇 번씩 축제가 벌어지고 있다. 그런데 생각해보니 정작 매일 길에서 살고 길에서 잠드는 우리에게 '길의 날'이 없다.

길이란 무엇인가? "가장 중요한 것은 길 위에 있다." 독일의 철학자인 니체의 말과 같이 인간의 생활은 길에서 시작되고 길에서 끝난다. "나는 걸으면서 나의 가장 풍요로운 생각을 얻게 됐다. 걸으면서 쫓아버릴 수 없을 만큼 무거운 생각이란 하나도 없다." 키르케고르가 1847년에 제테에게 보낸 편지의 내용이다.

그렇듯 길은 누구에게나 다른 형태로 펼쳐지고, 그 길은 대체로 평탄하지만은 않다. 그래서 그 길 위에서 사람들은 수없이 헤매게 된다. 문득 세상이 나를 버린 듯싶고 내가 멀고 먼 이역에서 한없이 헤매고 있다고 여겨질 때, 그렇게 헤매다 자기만의 길을 찾기도 한다. 그러나 그 길의 종점에 영원히 다다르지 못하고 헤매는 사람도 있다.

보이는 길만이 아니라 보이지 않는 마음의 길도 있다. 스스로를 찾지 못한 사람들이 절체절명의 기로에서 '칠흑 같은 어둠에서 벗어나 이제 나의 길을 찾게 해달라'고 기원하기도 하며, 6세기 그리스의 철학자 헤라클레이토스 또한 "내가 찾아 헤맨 것은 나 자신이었다"라고 술회하기도 했다.

이렇듯 길에는 여러 가지가 있지만, 대체로 길은 세 가지로 분류할 수 있다. 첫째는 교통수단으로서의 길이고, 둘째는 방도를 나타내는 길, 셋째는 행위의 규범으로서의 길이다.

몇십 년 전 대중가요 중에 최희준의 〈하숙생〉이라는 노래가 있다. "인생은 나그네 길 어디서 왔다가 어디로 가는가, 인생은 나그네 길 구름이 흘러가듯 정처 없이 흘러서 간다." 이렇듯 떠도는 삶을 사는 사람을 두고 '구름처럼 떠돌

문경새재에서 제1회 길문화축제를 개최하다. 김종우, 박기성, 이미정, 신정일, 서지영, 송현묵, 윤진삼

고 물처럼 흐른다'고 해서 운수납자(雲水衲子)라고 표현하기도 한다.

그러나 어떤 계기를 통해 사람들은 길에 나서게 되고, 그 길을 오랜 시간 걷게 되고, 결국 그 길이 잃어버린 나를 찾아가는 그 길이었음을 깨닫게 된다. "내가 사는 것은 다만/ 잃은 길을 찾는 까닭입니다." 윤동주의 시 〈길〉의 한 구절같이 인간의 역사에서 가장 중요한 것이 바로 길인데, 그런 길의 날이 없었다.

사단법인 '우리 땅 걷기'를 창립한 뒤 맨 처음 열기로 한 것이 '길의 날' 제정과 '길 문화축제'였다. 우선 길의 날을 제정하기 위해 날짜를 잡기로 했다. 나는 애초부터 11월 11일을 염두에 두었다. 두 발로 걷는 날을 표현하기에 11월 11일처럼 안성맞춤인 날이 없기 때문이었다. 그러나 대부분의 사람들은 반대했다. 11월 11일은 '빼빼로데이'와 '농업인의 날'로 사람들에게 인식되어 있기 때문에 실패할 것이라는 얘기였다. 그때 이런 말을 했다. "빼빼로를 두 손에 들고 먹으면서 걸으면 되지 않느냐. 아니면 가래떡을 길게 빼서 먹으면서 걸어도 되지 않느냐." 두 팔을 흔들며 두 발로 걷는 11월 11일은 자동차를 타지 않고 걸을 수 있는 날, 그날을 길의 날로 지정하기 위한 첫 번째 길 문화축제가 열린 것은 2005년 11월 11일이었다.

아름다운 우리 강산을 어떻게 보존하고 어떻게 지킬 것인가? 보지 않고, 따라 걸어보지 않고 우리 국토를 사랑할 수는 없다. 차를 타는 것보다 느리게 걸으며 우리 국토를 다시 보아야 한다. 그런 중차대한 사명을 가지고 영남대로의 길목인 문경새재에서 제1회 '길 문화축제'를 열었다. 11월 11일을 길의 날로 지정한 사단법인 우리 땅 걷기는 이날 하루 아니면 몇 시간 정도 자동차를 타지 않고 걸으면서 우리 국토를 이해하는 운동을 펼치자고 했다.

우리나라에서 가장 아름다운 길 가운데 하나인 문경새재를 걸으면서 니체가 설파한 '가장 중요한 것은 길 위에 있다'는 주제를 가지고 전국에서 모인

130여 명의 도반과 함께 치른 축제는 그 나름대로의 성과를 거두었다.

우리 땅 걷기에서는 '전주 천년고도 옛길' 12코스를 만들어 우리 길의 원형을 찾아가면서 선조의 삶의 궤적과 지혜를 배워가는 길 문화축제를 매년 개최했다. 보광재 길을 국가명승으로 만들고자 했고, 건지산 길을 국가 산림문화자산으로 선정하기 위해 노력했다.

가을 하늘에 휘날리는 전주천의 억새 사이를 꽃상여가 나가는 풍경과 기와집과 관광객 사이를 나가는 꽃상여는 한 폭의 그림이었다. 전주의 이곳저곳에 산재한 문화유산 사이를 거닐며 진행되는 길 문화축제는 전주를 찾은 사람들에게 아름답고 고운 추억으로 남았다.

2021년 제17회부터는 '길 문화축제'를 전북시인협회(회장 김현조)와 함께 개최하기 시작했다. 서울과 전주에서 출발하여 오전에 전주 한옥마을에 도착하여 한옥마을 일대에서 전통놀이와 길 문화축제를 개최하고, 오후에는 전주

길의 날 제정 대국민 서명을 하다.

교 성지인 중바우(치명자산)와 동고사 일대를 답사한 뒤, 후백제 유적과 조선 시대의 전주 유적을 도보 답사하며 행사를 펼쳤다.

그다음 날에는 나라 안 도심 가운데 가장 아름다운 숲길 중 한 곳인 건지산의 단풍나무 숲길을 걸으며 시 낭송 및 문화 행사를 펼쳤다. 전주의 맛과 문화와 역사를 널리 알릴 수 있는 행사 중의 하나가 길 문화축제일 것이다.

04

역사의 길을 문화재나명승지로 지정하자

● 편집부

2006년 개최된 제2회 길 문화축제에서는 '역사의 숨결이 살아 있는 길을 문화재나 국립공원으로 지정, 추진하는 운동'을 주창했다. 세미나의 발제자는 지도학의 권위자인 성신여대의 양보경 교수, 우리 땅 걷기의 신정일 이사장, 문경새재 옛길 박물관 안태현 학예연구사, 문화재청의 이위수 담당 과장 그리고 역사학자 이덕일 선생이었다. 그때 나는 다음과 같은 발제를 했다.

> 오래 묵은 큰 나무들은 천연기념물로, 오래된 집은 보물이나 중요민속자료, 그리고 악기 하나를 잘 다루어도 문화재가 되는데, 5000년 역사 속에 수많은 이야기를 간직한 옛길을 그대로 방치하면 사라지기 십상일 것이다. 길이 사람들에게 새롭게 주목받는 이 시대에 우리나라의 아름답고 고색창연한 옛길을 문화재나 명승지로 지정하자.

그 행사에서 처음으로 재현한 것이 길 위에서 일생을 보낸 보부상의 행렬이었다. 서울에서 부산으로 이어지는 영남대로와 함께 나라의 동맥이었던 삼남대로가 지나는 길목에 있는 삼례나 전주에 삼남대로 옛길 박물관을 만들 것을 제안하기도 했다. 그때 행사를 지켜본 일부 사람들이 물었다. "무슨 길이 문화재가 되는가." 할 말이 없는 나는 "길은 길대로 의미가 있으니, 한번 두고 봅시다."

행사를 치른 그다음 해인 2007년에 문화재청에서 연락이 왔다. '문화재로 선정할 길'을 추천해달라는 것이었다. 내가 아는 범위에서 역사 속에 남아 있는 의미 있는 길을 추천했고, 곧바로 여섯 군데의 길이 국가명승으로 선정됐다. 영남대로의 '문경새재', '관갑천 잔도', 우리나라 최초로 개설된 길인 충주의 '하늘재', 영주의 '죽령 옛길', 양양의 '구룡령 옛길', 강릉과 평창을 잇는 '대관령 옛길'이 그때 선정된 길이다.

그 뒤 '길의 날' 제정을 위해 노력한 결과 국회에서 장세환 의원의 발의로 '길의 날' 제정을 위한 세미나가 열렸다. 그러나 각고의 노력에도 제정되지 못하고 폐기 처리됐다. 그러나 점진적인 성과는 있었다. 제주올레의 서명숙 이사장을 만나서 길의 날의 당위성을 얘기한 결과 2010년부터 11월 11일을 즈음하여 제주올레길에서 '길의 날, 길의 축제'를 열게 됐고, 제주도 서귀포에서 서명숙 이사장, 이순원 씨와 함께 '길의 날' 선포식을 열기도 했다.

내가 문화재청의 문화재위원이 된 2019년부터 시작된 옛길 문화재 작업이 결실을 거두어 장성과 정읍을 잇는 삼남대로 '갈재'와 영암과 강진을 잇는 '누릿재', 평창과 정선을 잇는 '칠족령', 경기도 양평의 구둔재라고도 하는 '구질현' 등이 국가명승으로 지정됐다.

아직도 명승이 되기 위해 문화재청의 손길을 기다리는 길이 많고도 많은데, 언제쯤 우리 옛길, 영남대로, 삼남대로, 관동대로를 차마고도처럼 만들어 많은 사람들을 걷게 할 수 있을 것인가?

명승으로 지정된 평창과 정선을 잇는 칠족령 옛길

05

대한민국 길 박물관을 만들자

● 편집부

지금은 경부고속도로, 호남고속도로 그리고 영동고속도로가 우리나라의 대동맥 역할을 하고 있다. 그러나 불과 100여 년 전 조선시대 나라의 대동맥은 앞에서 언급한 9대로였다. 세월의 흐름 속에 잊힌 조선시대 9대로 중 제6로인 통영까지 이어지는 통영대로와 제7로로 갈재 지나 해남에서 제주도까지 이어지는 삼남대로가 나뉘던 곳이 바로 삼례였다.

현재 제4로인 영남대로상의 문경에 '영남대로 옛길 박물관'이 만들어졌고, 관동대로가 지나는 대관령 아래에 '대관령박물관'이라는 자그마한 박물관이 들어섰다. 전라북도는 현재 길 문화관을 만들기 위해 준비하고 있지만 제대로 된 길을 주제로 한 박물관은 아니다. 중요한 것은 정작 모든 길이 시작되는 서울에는 길 박물관이 없다는 사실이다. 그런데 조선시대에 서울의 요충지였던 양재에는 '양재도찰방'을 두었고, 홍제원과 이태원, 살곶이에는 조선의 나그네가 쉬어가던 원(院)이 있었다.

서울에 '옛길박물관'을 만들었으면 했던 것은 오래전 일이다. 영남대로, 삼남대로, 관동대로를 걷다가 문경새재박물관을 지나면서 영남대로에만 박물관이 있으란 법이 있는가, 삼남대로 변에도 박물관을 건립해야 하지 않겠는가, 그리고 서울에는 대한민국 길 박물관이 있어야 하지 않겠는가 하는 생각이 들었다. 그 뒤 중앙정부와 지방자치단체마다 길을 만드는 데 혈안이 됐는데, 이제야 서울에 '대한민국 길 박물관' 건립 시기가 도래한 것이다.

세계 어느 나라에도 없는 것이 길 박물관이다. 이 박물관을 서울에 만들어 서울에서 제1로인 의주대로를 따라서 의주를 지나 신의주를 거쳐 중국의 자금성에 닿고, 실크로드를 따라 유럽으로 이어지는 길을 걷게 된다면 호연지기를 기르기에 가장 알맞은 길이 될 것이다.

제2로인 경흥로를 따라 두만강에 이르고, 블라디보스토크를 지나 러시아의 시베리아 벌판을 지나고 모스크바에서 스웨덴으로 이어지는 길이 이어진다면 그 길을 따라 걷는 사람들이 얼마나 가슴 벅찬 경험을 하게 될까?

또한 제3로인 관동대로를 걸으며 해파랑길이나 관동팔경을 답사한다면 우리 국토의 아름다움을 저절로 느끼게 될 것이고, 제4로인 영남대로를 따라 일본으로 이어지는 조선통신사 길이며, 제7로를 따라 제주도로 이어지는 길을 걷게 된다면 또 얼마나 새로운 경험을 하게 될까. 이제 그 길을 걸을 수 있도록 여건을 조성해야 할 것이다.

그런 생각을 가지고 송하진 전라북도 지사에게 조선시대 옛길 제6로인 통영대로와 제7로인 삼남대로가 나뉘는 삼례나 전주 화전동에 삼남대로 길 박물관을 만들자는 제안을 했다. 길 박물관 건립에 대한 세미나 내용도 송하진 지사에게 말했다.

어느 날 송 지사에게서 연락이 왔다. "송하진입니다. 언젠가 저한테 준 아이디어, 길 문화관 또는 길 박물관을 건립하는 용역을 실시하도록 지시했습니다. 혹시 연락이 가면 많은 자료 부탁드립니다. 항상 건승하세요." 말이 말로 끝나버리는 경우가 얼마나 많은가. 그런데 말이 말로 끝나지 않고 실체로 다가온다는 것은 얼마나 기쁜 일인가.

영남대로박물관이 문경새재 초입에 있기 때문에 도청이나 지역 사람들이 마음만 먹으면 삼남대로와 통영대로가 지나는 우리 지역에 길 박물관을 세우는 일도 어려울 것이 별로 없을 것이다. 단 그 안에 우리 옛길의 문화와 역사 그리고 그 땅을 걸었던 사람들의 이야기에 대한 자료만 충분히 모은다면 훌륭한 길 박물관을 만들 수 있을 것이다.

현재 남원의 옛 전라선 역사 자리에 '길 문화관'이 만들어지고 있다. 얼마나 신기한 일인가. "항상 꿈을 꾸게나, 꿈은 공짜라네." 이 얼마나 멋들어진 말인가!

2005년 전라북도 지사를 지낸 송하진씨와 함께한 전주천 걷기

06

우리나라에서 가장 긴 도보 코스인 해파랑길(동해 트레일)을 기획하다

● 신정일(황토현문화연구소 소장, 문화재청 문화재위원, 문화사학자, 사단법인 우리 땅 걷기 이사장)

2006년이던가, 《한겨레》 신문의 모 기자로부터 전화가 걸려왔다. '해양수산부에서 전남 목포에서 경기도 김포까지 서해안을 도보 답사해 책을 내자'는 제안이 왔는데 함께해보자는 것이었다. 며칠간 생각할 시간을 달라고 한 뒤 지도를 펼쳐보자 서해안은 조수간만의 차가 너무 커서 몇 달은 걸어야 할 것 같았다. 그래서 전화를 걸어 '동해안을 걸으면 어떻겠는가, 동해안은 20일 정도면 걸을 수 있겠다'고 했더니, 어촌을 중심으로 취재해야 하기 때문에 동해안은 힘들겠다는 연락이 왔다.

전화를 끊고 보니, '내가 언제 국가에서 지원을 받아 우리 국토를 걸었던가' 싶었고, 이참에 부산에서 고성까지 동해안을 걸어야겠다는 생각이 떠올랐다. 우리 땅 걷기는 세상의 유행과 무관하게 일찍이 우리나라의 5대강(한강, 낙동강, 금강, 영산강, 섬진강)과 영남대로, 삼남대로, 관동대로 등 조선시대의 옛길을 걸어왔지 않은가. 사단법인 우리 땅 걷기에서 새로운 프로젝트를 세워보자. 이름 하여 '동해 트레일'이다. 쇠뿔은 단김에 빼라고, 그래서 2008년

2월에 선보인 대한민국의 새로운 관광 프로젝트를 순수한 우리 돈으로 시작했다.

처음 목표는 부산 해운대 달맞이고개에서 고성 통일전망대까지였지만, 걷다 보니 욕심이 생겼다. 그래서 두만강 변의 녹둔도까지 1400킬로미터에 이르는 기나긴 길을 걸어보기로 한 것이다. 유재훈, 박수자, 안명숙, 최명운, 고혜경, 이혜리, 김선희, 이수아, 조경곤, 손지선 등 열다섯 명이 미지의 세계를 향해서 출발했다.

동해 트레일은 7번 국도가 아닌 온전히 해변을 따라 이어진 길이다. 관동팔경과 백두대간에 자리 잡은 설악, 금강, 두타산의 명산과 원산의 명사십리를 비롯한 천혜의 해수욕장이 즐비한 곳이다. 망망대해로 펼쳐지는 태평양이 함께하는 천하제일의 도보 답사처가 될 것이다. 물론 우리의 발길 닿기를 허용하지 않는 구간이 있어 답사를 완수할 수는 없겠지만.

그러나 우리의 답사에 고무된 많은 사람이 그 길 걷기를 염원하게 된다면 어느 날 남북한이 서로 손을 잡고 그 길을 공동 관광 상품으로 개발하게 되지 않을까. 결코 헛되지 않을 꿈을 안고 '동해 트레일'에 올랐다.

1차적으로 통일전망대까지 18일간의 여정으로 푸르게 일렁이는 동해를 따라 한 발 한 발 걸어가며 우리 국토의 숨결을 느낄 수 있었던 동해 바닷가 도보 답사 길은 스페인의 산티아고 순례길이나 중국의 차마고도와는 전혀 다른 길이었다. 동해의 푸른 바다와 수많은 포구 그리고 해수욕장과 유무형의 문화유산이 함께하는 동해 트레일은 전 세계 어느 도보 답사 길보다도 빼어난 풍광이 함께하는 선물 같은 길이었다.

또한 세계적으로 주목받는 도보 답사처이자 순례자 길인 산티아고가 800킬로미터인 반면, 부산에서 두만강까지 동해 트레일은 1400킬로미터에 이르는 기나긴 여정이었다. "바다에서 맞는 아침은 세상의 처음을 보는 것과도 같다"라고 말한 알베르 카뮈의 말대로 이 길은 매일 새로운 시간과 새로운 바다를 만나는 길이며, 새로운 문화와 새로운 역사를 만나는 길이었다.

또한 이 길이 역사 속에서는 신라 화랑의 순례길이며, 5000년 역사의 숨결이 서리고 서린 현장이 도처에 산재한 길이다. 그뿐인가, 빼어난 자연 풍광에 어린 전설과 설화의 보고(寶庫)이기도 하다. 《삼국유사》에 실린 처용과 박제상 이야기 그리고 문무왕 수중릉과 이견대가 있는 경주 일대 바닷가, 호미곶과 칠포의 바위그림 그리고 포스코가 있는 포항을 지나 영덕에 들어서면 신돌석 의병장과 영해민란이라는 참혹하지만 의기를 되살려주는 역사 무대가 펼쳐지고, 그곳을 지나면 관동팔경으로 꼽히는 월송정과 망양정이 있는 울진이다.

그곳을 지나 죽서루, 경포대를 거치면 설악산이 지척이다. 청간정을 지나 고성에 이르면 김일성 별장과 이승만 별장이 있는 화진포가 멀지 않고, 금강

울진 부근의 바닷가 풍경

산 자락에 있는 삼일포를 지나면 통천의 총석정이다. '명사십리 해당화'가 흐드러진 원산을 지나면 함흥에 이르고, "바람 찬 흥남부두 가봤으면 좋겠네"라는 노랫말 속에 나오는 흥남을 거치면, 칠보산이다.

그곳에서 또 한참 지난 반세기 전 이 땅을 폐허로 만들었던 전쟁 그리고 처절한 빈곤, 그 시간을 딛고 일어선 오늘 우리의 모습을 반추하고 가노라면 어느새 나라의 끝자락에 펼쳐진 강, 두만강에 이른다. 그 길모퉁이를 돌아가면 황동규 시인의 시에 나오는 "걸어서 포구에 도착했다"라는 구절처럼 포구와 항구, 맨발로 걷기에 그만인 곱디고운 모래 해수욕장이 끝없이 펼쳐진다.

동해 트레일에서 만나는 해운대, 장사, 칠포, 대진, 고래불, 용화, 망상, 경포대, 화진포, 원산 명사십리 등 셀 수도 없는 해수욕장 그리고 낙동정맥과 백두대간에 펼쳐진 크고 작은 산, 내연산, 두타산, 청옥산, 설악산, 금강산, 칠보산은 한국의 바다와 산이 얼마나 절경인지를 유감없이 보여준다.

포구에서 포구로 이어지는 동해 바닷길에서 나그네의 미각을 사로잡는 맛은 또 얼마나 많은가. 학꽁치, 멸치, 과메기(포항), 대게(영덕, 울진), 미역(고포), 오징어, 정어리, 청어, 명태식해(거진) 등 셀 수도 없다.

수많은 등대가 밤마다 깜빡거리고 깃발을 펄럭이는 배가 바다로 나갔다 돌아오는 동해안 곳곳에는 수많은 인물의 흔적이 민담으로, 설화로, 이야기로 전해진다. 고려 말의 이곡, 이색, 나옹화상 등의 흔적이 여러 곳에 남아 있고, 조선의 김시습, 양사언, 이언적, 이산해, 정철, 박종, 정선, 김홍도, 송시열, 이산해, 허목, 김시습, 허균, 이이, 허난설헌, 신사임당 등의 자취가 서린 곳이다. 또한 천문학자인 남사고와 의병장 신돌석, 동학의 1대 교주인 최제우와 최시형, 직업 혁명가인 이필제의 사연이 남아 있는 곳도 이곳 동해 바닷가 고을이다.

동해 트레일 답사 중에 배낭 하나 메고 부지런히 걷고 있는 미국인 관광객을 만났다. 어디를 가는 거냐고 묻자 "한국의 바닷길이 너무 아름다워 무작정 걷고 있다"라고 답했다. "동쪽으론 넓은 바다를 눌러 파도가 만경(萬頃)이요, 서쪽으론 중첩된 봉우리와 나란히 서 있어, 운하(雲霞)가 천태로다"라고 홍여방이 노래했던 한국의 바닷가 길. 그 길을 열여드레 동안 걷느라 힘들었던 만큼 어린애처럼 행복하기도 했다. 바다가 됐다가, 넘쳐서 달려오던 파도가 됐다가, 매일 태어나고 스러지는 태양이 되기도 했던 나날이 언제 다시 내 앞에 올 것인가 생각하면 순간순간이 가슴이 벅차오르는 시간이었다.

맹자는 "눈은 아름다운 빛을 좋아한다(目之於色)"라고 했다. 키츠는 "아름다움은 영원한 기쁨이다"라고 썼다. 맹자나 키츠의 그 말을 실감하고 싶은 사람에게 동해 트레일, 즉 해파랑길은 가장 아름다운 빛을 가감 없이 보여줄 것이다. 부산 해운대에서부터 넓고 광활한 태평양을 바라보며, 그 아름다운 동해 바닷가 길 1400여 킬로미터를 걸어 두만강 하구에 이르는 여정은 얼마나

해파랑길의 마지막 통일전망대

감격스럽고 자랑스러운 일일까? 그리고 두만강을 건너 이순신 장군이 근무했던 녹둔도에 도착한다. 그것으로 끝인가? 아니다. 러시아의 블라디보스토크를 지나 그 땅의 해변을 돌아 스웨덴과 스페인을 지나 아프리카의 케이프타운까지 가게 된다면 세계 최장거리 도보 답사 코스가 되는 게 아닌가. 지구상에서도 작은 반도인 대한민국의 끝자락인 부산의 해운대에서 한 발 한 발 걸어가면 유럽에서 아프리카로 이어지는 길과 만나는 것이다.

2009년 가을 문화체육관광부에 동해 트레일을 국가 정책으로 조성해줄 것을 제안했다. 그리고 2010년 9월 문화체육관광부에서 야심차게 그 길을 '해파랑'으로 선정하여 발표했다. 부산에서 고성까지 16개 시 · 군 관계자가 모여 2014년까지 가장 자연적으로 조성하기로 한 해파랑길을 북한과 협의하에 마지막 지점 녹둔도까지 잇는다면 약 1400킬로미터의 길이 완성될 것이다. 그 길을 걸을 사람들에게 해파랑길을 완주한 인증서를 발급할 것이다. 그 길을 걸을 수 있게 된다면 얼마나 가슴이 벅차오를까. 그때 나는 발언권을 얻어서 참석자들에게 이런 말을 했다.

우리나라 어느 지역을 가건, 이웃 마을로 놀러 가던 '마실길'이 있고, 나물 캐러 가던 길, 나무 하러 가던 길, 과거 보러 가던 길이 남아 있습니다. 그동안에 자동차와 열차가 생기면서 잊히고 사라졌던 그 길을 찾고, 설령 사라졌으면 잇고, 그리고 사람들이 걸어가기만 하면 아름답고 역사적인 길이 새롭게 만들어질 것입니다.
나는 고스톱을 못 치지만 '찾고, 잇고, 걷고' 그래서 '스리 고'만 하면 돈을 가장 적게 들이면서도 아름다운 길을 만들 수 있을 겁니다.
이 길은 고래에서 멸치고기까지 맛볼 수 있는 길이고, 포구에서 포구로 이어지는 길이 환상적인 길입니다. 내연산, 두타산, 청옥산, 설악산 등 아름다운 산과 동해 바다와 관동팔경을 따라 걷는 이 길을 휴전선에서 끝내지 말고, 북한과 협의를 해서 고성의 삼일포, 통천의 총석정, 원산의 명사십리, 명천의 칠보산 그리고 이순신 장군이 근무했던 두만강의 서수라까지 걷도록 합시다. 거기서 끝내지 말고, 러시아와 협의를 해서 블라디보스토크를 지나 러시아를 돌아 스웨덴과 포르투갈의 리스본을 지나 아프리카의 케이프타운까지 가는 길을 만듭시다.

내 말이 끝나자마자 우레와 같은 박수 소리가 터져 나왔다. 누군가 "질문이 있습니다. 혼자서 갈 수는 없겠는데요?" 하고 물었다. 그때 나는 "3대가 이어서 가면 되지요" 하고 답했다. 해파랑길을 두고 "부산 오륙도에서 아프리카의 케이프타운까지"라는 말은 그때 만들어진 것이다.

그 행사가 끝나자 "신정일 선생님, 파이팅" 하는 말이 들렸다. 그래서 누군가 하고 보았더니 문체부 장관 정책보좌관이었다. "왜지요?" 하고 물었더니 "선생님이 주창한 스리 고로 '해파랑길'을 만들면 지자체에서 더 이상 돈을 더 달라고 하지 않을 것 같아서요"라고 답한다.

길은 돈으로 만드는 것이다. 길에 대한 애정 어린 마음과 아이디어로 만드는 것이다. 어디든 거미줄처럼, 아니 그물코처럼 촘촘히 짜인 길을 찾고, 잇고, 걷다 보면 새로운 문화운동이 일어나지 않을까?

그 뒤 2010년 8월 문화체육관광부로부터 연락이 왔는데, 한국 관광의 날에 대통령 표창을 받게 됐다는 것이었다. 살다 보니 별일이 다 있다. 2010년 9월 14일 한국 관광의 날을 맞아 소백산자락길, 변산마실길, 전주 천년고도 옛길 등을 만든 공로로 롯데호텔에서 상을 받았다. 다양한 우리 땅 걷기 코스 발굴을 통해 도보 여행의 대중화와 국내 관광 활성화에 기여한 공을 인정받아 정부 포상으로 대통령 표창을 받은 것이다.

상을 받고 돌아오면서 문득 실러의 글이 떠올랐다. “세상에서 가장 중요한 상품은 자기 자신이다.” 나 자신을 잘 다스리며 살아야겠다는 생각이 들었다.

그 뒤로 여러 가지 상을 더 받았지만, 상은 외부로부터의 상이 아니라 내가 나에게 주는 상이 필요하다는 것을 나이 들면서 자꾸 깨닫는다. “신정일 너, 수고했다. 살아오느라고.” 다음 해인 2011년에는 한국광광공사 사장의 상을 더 받았으니, 발에 복이 들었다는 점쟁이의 말이 맞기는 맞단 말인가.

07

하룻밤 새 소백산자락길을 기획하다

● 신정일(황토현문화연구소 소장, 문화재청 문화재위원, 문화사학자, 사단법인 우리 땅 걷기 이사장)

백두산에서 지리산까지 유장하게 이어진 백두대간 능선을 종주하는 사람은 많다. 그러나 동서로 이어진 백두대간의 산자락을 따라 걷는 사람은 아직 없다. 그것은 그 백두대간의 산자락 길이 만들어지지도 않았고, 이어지지도 않았기 때문이다.

2008년 무르익은 봄 5월 어느 날이었다. 문화체육관광부, 한국관광공사와 함께 '이야기가 있는 문화생태탐방로' 선정 작업을 위해 몇 개월간 전국을 누볐다. 강화나들길, 변산마실길, 남해바래길, 다산유배길, 내포문화숲길, 삼척소공령길, 부여부소산길 등 10여 개의 길을 답사하여 여덟 곳을 선정하기 위해서였다.

그러던 5월 어느 날이었다. 문체부 홍성운 담당 사무관으로부터 밤중에 전화가 걸려왔다. "유인촌 장관님이 다른 부에서는 백두대간을 두고 여러 정책을 펼치고 있는데, 우리 부(문화체육관광부)에서도 백두대간 산촌마을을 개발할 수 있는 방안을 마련하라고 합니다. 어떻게 하면 좋을까요?" 문득 생각이 나지 않았다. "내일 정도 방안을 한번 모색해서 전화를 드리겠습니다."

그런데 새벽에 글을 쓰다가 방안이 떠올랐다. 우리나라에 지리산둘레길만 있으란 법이 있는가? '팔공산둘레길,' '북한산둘레길,' '속리산둘레길,' '계룡산둘레길,' '내장산둘레길,' '소백산둘레길,' 어느 곳이 가장 의미 있는 곳일까 생각하니 금세 해답이 나왔다.

다음 날 오전에 홍성운 사무관의 전화가 걸려왔다.

"어떻게 좋은 방법이 생각났습니까?"

"백두대간의 명산이나 이름난 명산에 둘레길을 만듭시다. 일례로 소백산둘레길을 먼저 만듭시다."

"어떻게 만들지요?"

"봉화에 가면 충재 권벌이 살다 간 닭실마을이 있지요. 나라 안에서 최고의 양택지인 닭실마을에서 서북쪽으로 조금 가면 오전약수가 있고, 그곳에서 멀지 않은 곳에 우리나라 최고의 절인 부석사가 있고요. 부석사에서 조금 내려가면 우리나라 최초의 서원인 소수서원(선비 문화권과 청다리 금성단 등의 유적이 많음)이 있고, 소수서원에서 조금 올라간 곳에 순흥향교가 있어요. 그곳에서 퇴계 이황이 명명한 죽계구곡을 따라가면 초암사가 있고, 달맞이고개를 넘으면 비로사가 있습니다. 비로사에서 계곡을 따라 내려가면 《정감록》의 십승지지 중 한 곳인 금계촌입니다.

풍기를 지나면 명승지로 지정된 죽령 옛길이고, 고개를 넘으면 충북 단양의 용부원리, 단양의 남한강을 따라가면 영춘에 있는 구인사와 온달산성이 있지요. 남한강을 따라 거슬러 올라간 영월군 하동면에 방랑시인 김삿갓의 묘가 있으며, 그곳에서 늦은맥이재를 넘으면 다시 오전약수를 지나 닭실마을에 이를 수 있습니다. 이 길 약 200킬로미터를 개설하면 소백산둘레길이 되지 않겠습니까?"

내 말이 끝나자마자. 홍 사무관이 "좋습니다. 그런데 둘레길은 이미 딴 곳에서 써먹었으니 이름을 바꿉시다." 그래서 우리 둘이 뜻을 모아 지은 이름이 '소백산자락길'이었다.

우선 늦었지만 영주시에 이야기가 있는 문화생태탐방로를 신청하도록 해서 답사를 가보니 그 경관과 길이 여태껏 보았던 어느 길보다 아름다워 2008년 문화생태탐방로 1위로 선정되는 영광을 누렸다. 또한 2011년에는 문화체육관광부와 한국관광공사가 선정한 '관광의 별'로 선정됐다.

어디 소백산뿐인가. 태백산, 설악산, 오대산, 속리산, 덕유산 등 모든 산의 둘레길을 만들 수 있고, 대구의 팔공산, 부산의 금정산, 서울의 북한산이나 관악산, 부안의 변산, 광주의 무등산, 제주의 한라산, 전주의 모악산, 부안의 변산과 고창의 선운산의 둘레길도 가능하다.

그런 전제하에 내가 명명하고 답사해서 만든 길이 부안 '변산마실길'이었고, 그 길이 알려지다 보니 전라북도 공동 브랜드의 길 이름이 '마실길'로 확정됐다. 전라북도에서는 '예향 천리 마실길'을 만들었으며, 정도 천년을 기념하여 '천리 길 프로젝트'로 이어졌다.

소백산 자락길 영주 부석사

08

백두대간 산자락을 따라가는 마실길을 만들자

● 신정일(황토현문화연구소 소장, 문화재청 문화재위원, 문화사학자, 사단법인 우리 땅 걷기 이사장)

2008년 가을, 산림청에서 '백두대간 어떻게 보존할 것인가'라는 주제의 발제를 요청했다. 다른 사람들의 발제 주제를 보니 대개 백두대간 산 능선을 가지고 논하는 것이었다. 어떤 내용으로 발제를 할 것인가? 고민 끝에 선택한 것이 '백두대간 산촌마을을 잇는 마실길을 만들자'였다.

백두대간 자락에 조성했으면 싶은 마실길에서 '백두대간'이란 무엇이고, '마실'은 어떤 뜻인가? 조선의 산 가운데 가장 신령스러운 산인 백두산에서 지리산으로 유장하게 이어진 산줄기가 백두대간이며, 마실은 한가할 때 이웃 마을로 놀러 간다는 의미를 지닌다. 그 마실길을 어떻게 만들 것인가?

우리 선인들은 산과 강을 하나의 유기적인 자연 구조로 보고 그 사이에 얽힌 원리를 찾는 데 지리학의 근간을 두었다. 풍수지리학의 원조로 알려진 도선국사의 《옥룡비기(玉龍秘記)》는 "우리나라가 백두에서 시작하여 지리에서 마쳤으니, 그 형세가 물을 뿌리로 하고 나무를 줄기로 한 땅인지라…"라고 시작하면서 백두산에서 지리산으로 이어지는 우리 산줄기를 언급했다.

우리 고유의 지리학을 1대간, 1정간과 13정맥으로 분류한 사람은 전북 순창 사람인 여암 신경준(申景濬, 1712~1781)으로 추정한다. 1769년 신경준이 지은《산수고(山水考)》에는 다음과 같은 글이 실려 있다.

> 하나의 근본이 만 갈래로 나뉜 것이 산이고, 만 갈래가 하나로 합한 것이 물이다. 나라의 산수는 열둘로 나타낼 수 있다. 백두산에서부터 나뉘어 여덟 줄기(八路)의 여러 산이 된다. 여덟 줄기의 여러 물이 합하여 열두 수(水)가 되고, 열두 수는 합하여 바다가 된다. 물이 흐르고 산이 솟는 형세와 산이 나뉘고 물이 모이는 묘리(妙理)는 여기에서 볼 수 있다. 열두 산은 삼각산, 백두산, 원산, 낭림산, 두류산, 분수령, 금강산, 오대산, 태백산, 속리산, 육십령, 지리산이라 이른다. 열두 물은 한강, 예성강, 대진, 금강, 사호, 섬강, 낙동강, 용흥강, 두만강, 대동강, 청천강, 압록강이라 이른다. 산은 삼각산을 머리로 삼고 물은 한강을 머리로 삼으니 서울을 높인 것이다.

우리 국토는 하나의 대간인 백두대간(白頭大幹)과 하나의 정간인 장백정간(長白正幹) 그리고 열세 개의 정맥(正脈)이 큰 강의 유역을 이루고, 그로부터 가지를 친 지맥이 나와 골을 이루어 삶의 지경을 마련하고 있다. 이를 분류하면 백두산에서 지리산까지 우리나라의 등뼈를 이루는 것이 백두대간이고, 장백정간이라는 하나의 정간이 있으며, 청북정맥 · 청남정맥 · 낙남정맥 · 낙동정맥 · 한남정맥 · 한북정맥 · 한남금북정맥 · 금남정맥 · 금북정맥 · 호남정맥 · 금남호남정맥 · 임진북예성남정맥 · 해서정맥이라는 열세 개의 정맥이 있다.

우리나라의 산줄기는 대부분 강 이름(청천강, 임진강, 예성강, 한강, 금강,

낙동강)에서 비롯됐으며, 그러한 정맥은 대간 · 정간과 함께 모두가 큰 강의 물 뿌리(분수령)가 된다. 이것은 '산은 생명의 시작인 물의 산지(産地)'라는 우리 전래의 지리 인식을 잘 나타내준다.

지리산 자락 제일 끝 지점에서 진부령을 지나 백두산까지 이어질 마실길의 서쪽 부분을 보자. 경상남도 하동에서 시작될 마실길은 백운산과 지리산 사이를 흐르는 섬진강을 따라 구례, 곡성, 남원에 이르고 장수에 이르면서 덕유산 자락을 지날 것이다. 무주, 영동을 지나는 길에 추풍령을 굽어보고 보은, 상주에 이르면 속리산 자락을 지날 것이다. 괴산, 충주, 단양, 영월, 정선, 태백, 삼척, 평창, 홍천에서 오대산을 만날 것이다. 인제를 지나 진부령에 이르는 백두대간의 마실길이 이어진다면 마을과 마을을 잇는 산과 산줄기를 잇는 재미있는 문화생태탐방로가 될 것이다. 그리고 훗날 백두산까지 이어지는 산 자락길이 조성된다면 내국인만이 아니라 세계적으로 이름난 관광 상품이 될 것이다.

동쪽은 또 어떤가? 경상남도 산청에서 함양을 지나고 거창, 김천, 상주, 문경을 지나 예천, 영주, 봉화, 삼척, 동해, 강릉, 양양, 고성을 지나 백두산으로 이어지는 산 자락길을 만든다면 좋을 것이다. 남녀노소 누구나 백두대간의 산 자락길을 따라 걷다가 고갯마루(추풍령, 문경새재, 죽령, 대관령, 한계령, 미시령, 진부령 등)에도 오르고 실상사, 부석사, 소수서원, 관동팔경, 진전사지, 원산의 명사십리 등의 명승지를 감상하며 걷는다면 새로운 국토 사랑과 함께 도보 여행의 진수를 느낄 수 있을 것이다.

난세에 병화를 피할 수 있다는 《정감록》 중 '10승 지지'가 대부분 백두대간 자락에 자리 잡고 있다. 무주의 무풍, 예천의 금당실, 영주, 풍기의 금계촌, 남원의 운봉 등. 그 산자락 마을을 새로운 형태의 삶터로 복원한다면 아주 소중한 자원이 될 것이다.

그런 내용의 발제를 끝내자, 좌장을 맡고 있던 서울대학교 산림자원과의 김성일 교수가 나하고 멀리 떨어진 곳에 있다가 쪽지를 보냈다. “신정일 선생님, 대단한 발상입니다.” 그 세미나는 성황리에 끝났고, 그다음 해엔가 국가에서 ‘백두대간 산촌마을을 잇는 길’을 만들 것이라는 정책 발표가 있었다.

백두대간 산자락을 따라 걷기를 제안하다.

09

변산마실길을 기획하다

● 신정일(단법인 우리 땅 걷기 이사장)

2009년이던가, 어느 날이었다. 전라북도 행정부지사인 이경옥 씨로부터 전화가 걸려왔다. 한번 만나자는 것이었다. 송천동 콩나물국밥집에서 만나 아침을 먹은 뒤 이경옥 부지사가 말을 꺼냈다.

"전라북도에 아름답고 유서 깊은 길을 만들 수 있는 곳이 어디가 있습니까?"

"변산둘레길을 만듭시다."

"어떻게요?"

"변산해수욕장에서 시작합시다. 고사포해수욕장을 지나 국가명승으로 지정된 적벽강과 채석강을 지나고, 궁항마을과 솔섬을 지나면 모항입니다. 왕포에서 바다 건너 선운산을 바라보며 걷다 보면 내소사에 이르고, 내소사에서 진서리 도요지와 염전이 있는 곰소포구를 지나면 반계 유형원의 자취가 서린 반계서당에 이릅니다. 그곳이 바로 교산 허균이 집을 짓고 살려 했던 우동리 마을이지요. 고려청자 도요지인 유천리를 지나면 코 무덤에 이르고, 그곳에서 백제부흥운동의 산실이자 이매창의 자취가 서린 개암사 우금암이 멀지 않습니다. 다시 상서를 지나고 하서면 구암리 고인돌을 지나서 돌아가면 서해 바다에 이르고 돌아가면 변산해수욕장입니다.”

“좋습니다. 그런데 이름을 어떻게 짓지요?”

“이름은 변산마실길로 지읍시다. 나라 안 모든 지역의 공통 방언이 마실입니다. 한가할 때 놀러 간다는 뜻의 우리말이지요.”

이렇게 의기투합해서 그 길을 만들기로 하고 전라북도 환경과의 임영환 과장과 부서 직원들과 함께 부안을 거쳐 새만금 사업장에 도착했다. 그때 부안군청의 아무개 계장이 도착해서 부안군의 계획을 이렇게 말했다.

“이번에 환경부로부터 8억 원을 지원받아 변산 자락에 길을 만들기로 했습니다.”

“어떻게 만들 생각입니까?”

변산 마실길 개통식

"지금 차들이 다니는 국도 아래에 포클레인을 동원해서 사람들이 다닐 수 있는 길을 만들 생각입니다."

"그러면 안 되지요. 바닷가 길을 걸어보면 걸을 수 있는 길이 다 있을 것입니다. 제가 만든다면 1억 원만 들이면 환경을 파괴하지 않고도 아름다운 길을 만들 수 있을 것 같은데요?"

내 말을 들은 계장이 얼굴이 붉으락푸르락해지더니 바쁜 일이 있다며 공익 요원만 남겨두고 가버리는 것이었다. 그의 생각은 어렵게 환경부로부터 받은 돈을 쓸 수 없기 때문이었을 것이다. 마음이 상했지만 어쩌겠는가?

마음을 가라앉히고 바닷가로 연한 길을 천천히 걷다 보니, 이럴 수가! 지리산둘레길이나 제주올레길과는 또 다른 아름다운 길이 끝없이 펼쳐지는 것이었다. 이 지역에 살았던 사람들이 수천 년 동안 오갔던 길이 분단 이후 군부대가 생기면서 군인들이 초소를 오가던 길과 연결되어 고스란히 남아 있었던 것이다. 바닷가가 아니라 파도 소리를 들을 수 없는 지리산둘레길이나 숲길이 별로 없는 제주올레길과 달리 변산마실길은 파도 소리를 들으며 바람으로 머리를 빗질하면서 걸을 수 있는 즐풍(櫛風)의 명소였다.

오전에 길을 걷고 격포에서 점심을 먹고 있는데, 그 계장이 다시 와서 내가 말했다. "걸어보니 너무 좋은 길이 있던데요. 내가 새만금전시관에서 격포까지 길을 만든다면 500만 원이면 충분하겠습니다." 그날 변산마실길을 걷고서 변산마실길을 개통한 것이다. 사단법인 우리 땅 걷기와 KBS 전주방송총국, 전주문화방송 등과 공동 주최로 우리 땅 걷기 도반 300여 명이 길을 걸으며 변산마실길 개통식을 한 것이다.

그렇다면 부안의 변산은 어떤 산인가? 《택리지》에 "노령(蘆嶺)의 한 줄기가 북쪽으로 부안에 이르러 서해 가운데로 쑥 들어갔다. 서쪽과 남쪽 그리고 북쪽은 모두 큰 바다이고, 산 안에 많은 봉우리와 골짜기가 있는데, 이곳이 바

변산 마실길 개통식 후

로 변산(邊山)이다. 높은 봉우리와 깎아지른 듯한 산마루, 평지나 비스듬한 벼랑을 막론하고, 늘어진 큰 소나무들이 하늘 높이 뻗어서 해를 가렸다. 골짜기 바깥은 모두 소금 굽거나 고기 잡는 사람들의 집이다. 산속에는 좋은 밭과 기름진 두렁이 많다. 백성들이 산에 오르면 나물을 캐고, 산을 내려와서는 고기잡이와 소금 굽는 것을 업으로 삼는다. 그런 까닭에 땔나무와 조개 같은 것은 사지 않아도 풍족하다. 하지만 샘물에 나쁜 기운(瘴氣)이 있는 것이 결점이다" 라고 기록된 변산은 전라북도 서남부 서해안에 돌출한 변산반도에 자리한다.

또 《동국여지승람》 〈부안현〉 '산천'조에서는 고려 때의 문인 이규보가 "변산은 예로부터 나라 재목의 부고(府庫)다. 스님들이 물건을 사고팔던 중장이 섰으며 (…) 강과 산의 맑고 좋음은 영주(瀛洲)의 봉래(蓬萊)와 겨룰 만하니, 옥을 세우고 은을 녹일 듯한 것은 만고에 변하지 않는다"라고도 말했다.

변산은 바깥에 산을 세우고 안을 비운 형국이다. 그래서 해안을 따라 98킬로미터에 이르는 코스를 '바깥변산'이라 하고, 수많은 사찰과 암자가 있어 한때는 사찰과 암자만을 상대로 여는 중장이 섰다는 산의 안쪽을 '안변산'이라 하기도 한다. 의상봉(508미터), 주류산성(331미터), 남옥녀봉(432.7미터), 옥락봉, 세봉, 관음봉(424미터), 신선대(486미터), 망포대(492미터), 쌍성봉(459미터) 등의 산이 안변산을 에워싸고 있고, 그 안에 백천내의 물이 부안 댐에 갇혀 고창·부안 사람들의 식수원이 되고 남은 물이 해창에서 서해로 흘러든다.

부안이 고향인 신석정 시인은 이매창, 유희경, 직소폭포를 가리켜 부안 삼절이라고 했는데, 내소사, 개암사 등 아름다운 절을 품에 안은 길이 유서 깊고 아름다운 변산마실길이다. 이 길은 나라 안에서도 가장 성공한 둘레길 중 한 곳으로 손꼽히고 있어 지금도 전국에서 수많은 사람이 찾는다.

10

전주 천년고도 옛길을 찾아냈다

● 편집부

"등잔 밑이 어둡다"라는 속담이 있다. 바로 '가까운 곳을 멀리 있는 곳보다 모른다'는 뜻이다. 바로 내가 그러했다. 수십 년간 이 나라, 이 땅의 길을 이 잡듯이 헤매고 다닌 내가 정작 엎드리면 코 닿을 만한 곳에 숨은 보석이 있는 것을 모른 체했으니 말이다.

오래전부터 이렇게 저렇게 전주의 여러 길을 걸으며 그 길이 이어지면 어떤 길이 되리란 생각을 하지 않은 것은 아니다. 그런데 차일피일 미루다 세월이 지났고, 이제야 그 길을 '한번 걸어보자' 하고 걷다 보니 그대로 보석 같은 길이 펼쳐졌다. 그 길 이름을 '전주 천년고도 옛길'이라 이름 지었고, 모두 열두 코스를 연결했다.

천년고도 전주는 고구려와 후백제 그리고 조선 500년 사직의 문화유산과 역사 유적이 즐비한 전통의 도시다. 전주의 역사와 문화유산을 따라가는 곳곳에 숨은 보석 같은 길이 펼쳐져 있었지만, 제대로 이어지지 않고 있었다. 그런 연유로 전주 사람뿐 아니라 전 국민이 꼭 걸어야 할 길이 아직 널리 알려지지 않았던 것이다. 이에 사단법인 우리 땅 걷기에서 전주시청과 함께 '천년고도 전주 옛길을 걷는 사람들'이라는 모임을 만들어 열두 개의 코스로 이은 것이다.

제1코스는 조선 500년 역사가 시작된 '전주의 진산(鎭山) 건지산길'이다. 도심에 있으면서도 태초의 밀림같이 숲이 우거진 길이다. 아름드리 편백나무 숲이 울창하게 우거져 있고, 플라타너스 숲과 단풍나무 숲 그리고 독일 가문비나무와 아카시아 숲이 터널을 드리운 이 길은 네다섯 시간 정도 걸린다. 걷는 내내 머리에 바람 빗질을 하며 걸을 수 있다. 전국적으로도 이름난 덕진공원에서 대하소설《혼불》의 저자인 최명희 묘소를 지나고 건지산 정상을 지나 전주이씨 시조 이한공의 묘인 조경단을 거쳐 가련산을 지나면 전주천 변으로 이어진다.

제2코스는 다가산에서 완산칠봉으로 이어지는 길이다. 서신동 롯데아파트에서 다가산 능선길을 지나면 예수대학교에 이르고, 다가공원을 지나 용머리고개를 거쳐 완산칠봉을 지나면 평화동에 이른다. 동학의 역사와 500년 전주의 역사가 서린 이 길도 숲이 울창한 역사의 길이다.

제3코스는 평화동 사거리에서 송정써미트아파트를 지나 학산에 오른 뒤 흑석골로 이어지는 산길이다.

제4코스는 흑석골에서 보광재를 지나 천년의 세월을 견딘 남고산성으로 이어지는 길이다. 흑석골에서 보광재를 지나면 고덕산으로 이어지고, 다시 남고산성으로 이어진다. 후백제의 견훤이 쌓았다는 남고산성에서는 고려 말 충신인 정몽주의 시를 볼 수 있고, 남고사와 만경대와 억경대를 비롯해 서해 바다까지 볼 수 있을 만큼 전망이 뛰어나다.

제5코스는 승암산의 치명자 성지와 동고산성을 따라가는 기린봉 길이다. 오목대에서 한벽당을 지나 승암산 승암사와 동고사를 거쳐 치명자 성지를 지나 동고산성을 거치면 기린봉이 나오고 이어서 아중저수지에 이른다.

제6코스는 만경강길이다. 전주시 호성동 소양교에서 화전동 지나 덕진구 강흥동에 이르는 만경강을 따라가는 길이다.

제7코스는 팔복동 추천대에서 서곡의 황방산을 넘어 시인 기형도의 자취가 서린 서고사에 이르는 길이다. 요즘 많은 사람들이 이름난 작가나 시인의 발자취를 따라가는 문학 기행을 선호하는데, 전주의 서쪽에 있는 황방산 기슭에 자리한 서고사에 젊은 사람들이 좋아하는 기형도 시인의 자취가 남아 있다.

제8코스는 삼천천길이다. 추천대에서 삼천천을 따라가면 모악산 자락까지 이어지는 길이다.

제9코스는 산천천길의 끝머리에서 중인리를 지나 청도재를 넘으면 귀신사에 이르고, 이어서 금구와 원평을 거쳐 금산사를 지나 배재를 넘어가는 길

전주 동고산성의 후백제의 별궁터로 추정되는 곳

이다.

제10코스는 전주천길이다. 한벽당에서 전주천을 따라 만경강까지 이어지는 길이다.

제11코스는 문화유산의 자취를 따라가는 한옥마을길이다. 한벽당, 전주향교, 오목대, 경기전, 전동성당, 풍남문, 전라감영 터, 전주 약전 거리, 이창호 옛집, 서문교회 부근, 김개남 처형지, 전주 객사를 지나고 전주시청을 거쳐 무랑말까지 이어진다.

제12코스는 조선시대 제6로인 통영대로길이다. 삼례 비비정에서 화전동, 동산촌, 팔복동 추천대, 떡전거리, 전주 객사, 오목대, 한벽당, 색장동, 은석동을 지나 정여립의 집터에 이르는 길이다.

우리 땅 걷기에서는 '천년고도 전주 옛길을 걷는 사람들' 모임을 만들어서 매달 여러 차례 전주의 길을 걷고 있으며, 건지산 근처에 사는 사람들은 그 길이 너무 좋아 이사 갈 생각을 안 한다고 한다.

제4부

걷기의 지평을 열어젖힌 우리 땅 걷기

01 걸으며 전주를 이야기하다. 김현조(전북시인협회 회장)

02 해파랑길, 그 추억의 여정 최명운

03 서해안 길을 걸으며 변산에서 허균과 유형원을 만나다. 정유순

04 「우리 땅 걷기」와 함께한 봄날의 한강 걷기 김연해

05 청도, 고향의 길을 걷다 박수자

06 영월 서강 변의 문화유산을 찾아가다. 전정희(전 국회의원)

07 경주 주상절리와 고흥 금강죽봉을 세상에 알려지게 하다.

08 대한민국 국민이 모두"내 마음에 보물 하나 모셔두고 살자. 신정일

09 우리 땅이 너무나 아름답고 좋은 길들이 많다

01
걸으며 전주를 이야기하다

● 김현조(전북시인협회 회장)

전주는 도시 규모보다 이름이 큰 중소도시다. 최근 들어 전주 사람들 간에 전주에 대한 옛 영광을 되찾자고 구호하듯 앞서가는 사람들이 많이 생겨났다. 이런 현상은 사회에서 정년 후에도 건강하게 활동하는 사람들이 많아지면서 생겨난 사회현상이다. 건강하게 노년을 맞이한 사람들이 고향과 인문학에 관심을 가지면서 급속하게 확장됐고 세력화됐다고 할 수 있다.

어렵게 살았던 시절에 문화란 밤하늘에 뜬 달과 같았다. 당장 먹고사는 일이 급한데 무슨 문화 타령이냐고 했다. 어떤 사람들은 배부른 소리 한다고 핀잔을 주기도 했고, 의욕은 있지만 시간이 없다고 멀리하기도 했다. 그랬던 사람들이 이제는 문화를 중심에 두고 생활한다. 이야기의 중심에 우리 문화가 자리 잡았고 휴일뿐만 아니라 건강을 위해서 혹은 지역과 인문학에 대한 호기심을 충족하기 위해서 구두를 운동화로 갈아 신었다.

전주를 문화도시라고 한다. 그렇다. 전주는 전북을 대표하는 도시로 많은 문화가 살아 있다. 반면 문화재는 많은 편이 아니다. 문화재와 문화는 차이가 있다. 문화재는 형태가 분명하게 있어 고정되어 있고 경직됐으나 시간과 사연을 간직하고 있다면, 문화는 문화재를 중심으로 시작과 끝이 없는 이야기이고 무형으로 움직이며 정형화되어 있지 않고 싱싱하다는 게 특징이다. 문화와 문화재를 동시에 연상적으로 담고 있는 도시가 전주다. 전주는 이름만으로도 충분히 품이 넓은 도시다.

오래된 도시 전주에서 후백제가 살아나고 있다. 후백제가 전주라는 이름을 처음 시작했기 때문만은 아니다. 왕조가 일어나서 한 시대를 주름잡다가 소멸한 왕도 전주 이야기다. 천년 뒤의 이야기지만 오래된 이야기가 아니다. 전주는 그때부터 지금까지 새롭게 변화하고 성장해왔다. 다만 조금 느리게 진행 중일 뿐이다. 고려시대는 감시의 대상이 됐던 몇몇 이유가 있기도 했다. 조선시대에는 정치적으로 중요한 지역이었다. 중요한 만큼 큰 사건도 있었고 오랫동안 정치적 어려움을 겪었다.

전주를 중심으로 전라북도는 느리거나 혹은 한가한 모습을 간직해왔다. 논농사가 발달한 전북은 개인주의보다는 이타주의가 발달했다. 그것은 인심으로 나타났다. 외지인은 한결같이 말한다. 전주는 인심이 좋다고. 그래서 낯설지 않고 편안하단다. 논농사를 짓는 사람들은 저절로 알게 된다. 세상은 혼자만 살 수 있는 게 아니다. 협동하고 서로 도와야 한다. 그것이 사람의 도리다. 그래서 외지인이라도 언제나 반갑게 맞이했다. 함께 어울리고 세상 이야기를 나누었다. 남북전쟁 때는 서울, 경기에서 몰려온 피란민 중에 예술인이 많았다. 특히 영화인이 많이 와서 살았다. 그들은 전주 인심으로 살았다고 했다. 이야기를 더 이어간다면 판소리가 전북을 중심으로 전라도에서 생겨나고 꽃피운 것은 대단한 일이지만, 근저에는 사람끼리의 대화와 인심과 교류로 발달했다. 백성에게 위안을 주며 함께 웃고 함께 슬퍼하며 애간장을 녹였던 이야기가 판소리이고 고대소설이었다. 이야기꾼이 동네에 나타나면 온 동네 사람들이 다 모여 〈춘향전〉을 듣고 〈심청전〉을 듣고 〈흥부놀부전〉을 들으며 웃고 울고 분노하고 안타까워했다.

사람이 사는 곳에는 문화가 싹트기 마련이다. 1980년대부터 다양한 문화인이 전주에 드나들었다. 유명 시인이 다녀갔고 하룻밤씩 묵으며 개발로 잃어버리거나 잊혔던 사상과 전통문화에 대한 이야기를 했다. 전주에 살았던 신정일 선생이 중심이 되어 이이화 선생과 김지하 선생이 다녀갔고 김용택 시인을 비롯한 전주의 문화인이 거들어 부안에서 시인학교를 열었다. 그보다 앞서 동학에 대해서 말하기 시작했다. 발가락 하나 떨어져 나간 사람이 발을 감추었던 것처럼 아픈 시절 한 많은 이야기를 하면서 전봉준만이 아니고 김개남도 세상으로 불러냈다. 대한민국의 민주주의와 근대화에 대해서도 이야기했다.

사람들이 걷기 시작했다. 걸으면 건강에 좋다고 했다. 팔을 앞뒤로 힘차게 흔들며 새벽부터 밤늦게까지 천변이나 학교 운동장을 걷기 시작했다. 한때는 사람이 귀해서 좋았던 산행이 사람들로 부대끼기 시작할 정도로 걷는 사람들이 많아졌다. 길마다 사람들이 넘쳐났고 사람들은 힘차게 걸었다. 1990년대에는 신정일이 앞장서서 걸었다. 우리 문화를 주제로 말하면서 걸었고 잃어버린 옛길을 걸었다. 아름다운 길이 사람들 앞에 나타나기 시작했다. 길은 사라진 것이 아니라 사람들이 길을 회피했던 것이다. 강변, 벼랑길, 오솔길, 바닷길, 성황당길, 재넘이길 등은 사람들을 기다려주었다. 모두가 우리 땅이었다. 사람들과 함께 우리 땅을 걷기 시작했고 주말마다 건강을 위하여, 문화와 역사에 관심이 많아서, 새로운 길을 걸어보고 싶어서, 우리 땅 우리 산하가 궁금해서 걷기에 참여하는 사람이 늘어났다.

전주는 한옥마을로 붐비기 시작했다. 방문자 수로만 헤아리면 5000만 국민이 모두 다녀간 수보다 누적 수가 많아졌다. 그런데 전주는 네 시간이라는 한정된 시간만이 허락된 것처럼 사람들의 행렬에 이상이 생겼다. 전주에 온 사람들은 한옥마을만 둘러보고 타 지역으로 이동하기 시작했다. 전주의 위세가 네 시간으로 좁아든 것처럼 보였다. 전주에 시간 여행을 온 사람들조차도 반나절로 한정하여 고착화하는 것 같았다.

코로나 팬데믹 현상은 번성하던 한옥마을 상권조차 어렵게 했다. 방문자 수는 턱없이 줄었고 각종 문화행사는 할 수 없었으며 '전주'라는 이름조차 작아져갔다. 전주다움을 위해서는 외지 사람들이 전주로 몰려오는 것이 가장 좋은 모양새다. 다시 전주로 사람들을 불러 모으기 위해 서울과 경기 지역에 거주하는 사람들(우리 땅 회원)에게 전주 비경을 소개하고 함께 걷자고 했다. 남고산성을 걷고 산성 안에 있는 전설을 들려주었다. 억경대에서 전주시내를 함께 조망했다. 점심은 전주청국장을 먹었고 다시 동고산성으로 이동해서 걸었다. 견훤왕에 대한 이야기를 했다. 역사 속에 있던 견황대왕이 몸을 일으켰다. 견훤대왕이 부활할 조짐이 생겼다. 사람들은 한옥마을을 들르지 않았다. 전주를 둘러싸고 있는 산성을 걸었다. 그리고 전주에 감춰진 아름다운 단풍길을 걷기 위해 건지산으로 이동했다.

건지산이 전주의 주산이라고 하는 사람도 있고 아니라는 사람도 있다. 어쨌든 건지산은 사람들이 걷기에 안성맞춤인 산이다. 11월 중순을 맞이한 건지산은 단풍이 절정으로 마치 하늘에 붉은 꽃송이를 매달아 놓은 것처럼 반짝이고 있었다. 건지산은 밖에서 바라보면 알 수 없고 안으로 들어와야 제대로 볼 수 있는 특별한 산이다. 초입에 있는 최명희 작가의 묘소를 참배하고 중간에 참여한 사람들이 돌아가며 시를 낭독하며 건지산 단풍길을 걸었다. 단풍길을 걷는 동안 새로운 세상을 경험한다며 감탄사를 연발했다. 키가 큰 단풍나무들이 터널을 만들어 통행을 용이하게 했다. 11월 중순인데도 푸른 잎과 붉은 잎이 어우러져 가을을 빛내고 있었다. 바닥은 단풍잎이 융단을 깔아놓고 있었다. 우리 땅 걷기 회원들은 전국의 명산대천을 순회하며 걷는데, 전주에 이런

전주 천년 고도 옛길 건지산의 가을 풍경

비경이 있다는 사실을 처음 알았다며 전주만의 특별함을 부러워했다. 마지막으로 건지산 편백나무 숲에서 작은 음악회를 꾸며 고적한 가을 저녁을 근사하게 감상했다.

우리 땅 걷기는 신정일 선생이 중심이 되어 전국에 걷기를 좋아하는 사람들로 구성된 단체다. 신정일 선생이 후백제, 정여립, 황토현 등의 문화 사업을 이룩한 업적은 많다. 그러면서 우리 땅 걷기라는 단체를 통해 우리 산하에 묻혔던 길을 발굴하고 아름다운 옛길을 되찾아 이름을 지어주고 시민들에게 돌려준 것은 특별한 문화 성과라고 할 수 있다.

"여행은 독서보다 많은 것을 배우게 한다"라고 장자크 루소가 말한 것처럼 걷기 위해 여행하는 것은 특별한 일이다. 전주에 산다고 전주를 잘 안다고 할 수 없다. 전주를 돌아다녀보지 않으면 전주를 알 수 없다. "세계는 한 권의 책이다"라고 말한 아우구스티누스처럼 사람을 만나고 어울리고 문화와 역사를 만나는 것이야말로 지식과 경험을 배우고 익히는 일이다.

사람을 만나서 사람의 정을 느끼지 못한다면 사람을 안 만나는 것이나 다름없다. 걸으면서 만나는 사람들은 정이 많다. 그들은 말도 정갈하게 한다. 언어가 투명하게 정제되어 있다. 걸으면서 생각을 정리하기 때문일 것이다.

시대정신이란 말이 있다. 이것을 정치적 수사쯤으로 생각하기 쉬운데, 시대정신은 개인의 정신세계를 말한다는 것이 적확할 것이다. 시대정신은 이념의 문제가 아니다. 자기에 대해서 얼마나 치열하게 내밀한 대화를 했는가, 얼마나 자신을 정화했는가, 자신을 창조적이고 독창적이고 차별적인 삶에 치중했는가 등을 말한다고 할 수 있다. 타성에 젖지 않고 자신을 꾸준히 새롭게 하는 것이 시대정신일 것이다. 내가 중심이 되지 않고 타인과 사회에 이끌려가는 것은 결코 시대를 살아가는 사람으로서 옳은 일이 아니기 때문이다. "위대한 시인은 그 자신을 씀으로 그 시대를 쓴다"라고 한 사람은 T. S. 엘리엇이라고 기억한다. 시대정신은 시인이나 글을 쓰는 사람만의 몫이 아니다. 현시대를 살아가는 사람이 주인공이 되어 갖는 정신이다. 그런 의미에서 길을 걷는 사람은 문화인이고 문화인은 그냥 걸을 수 없지 않겠는가.

풍족한 삶 속에서도 불만은 있게 마련이다. 풍족함이 더 많은 불만을 가져왔을 것이다. 불편함, 부당함, 불만족 등의 것은 자기를 중심으로 한 기준이기 때문일 수 있다. 걷는 사람들은 편안함을 거부하고 밖으로 나온 이들이다. 우리 땅, 우리 산하가 궁금한 사람들이다. 그들은 대부분 긍정적인 사람들이다. 차이를 인정하고 다름을 부정하지 않는다. 공동의 문화와 역사에 관심 갖고 대화를 이어간다. 멀리서 달려온 만큼 대화의 길이가 길다.

우리 땅 걷기 단체 회원들이 매년 전주에 와서 전주의 속살과 겉살을 체험하고 있다. 속살이라 함은 전주 사람들조차 잘 찾지 않는 곳을 방문하는 것이며, 겉살은 한옥마을을 중심으로 이름난 곳을 말한다. 속살이든 겉살이든 모두 전주이고 전주를 알면 좋다. 전주는 왕건 때부터 정치적 문제로 부정적으로 표현되어왔다. 그러나 우리 역사에서 전주가 한 역할은 매우 긍정적이고 중요하다. 그것을 이제야 밖으로 알리게 됐고, 긍정적 기운을 함께 전국에 알리고 있다. 전주를 문화로 대변하기 위해서는 이야기가 필요하다. 그 긴 이야기를 전국에 있는 우리 땅 걷기 회원들이 하고 있다. 전주를 걷기 시작한 것이다.

02

해파랑길, 그 추억의 여정

● 최명운

14년 전 '해운대에서 두만강까지'라는 의식의 항로를 설정하고 열흘 남짓 걸었다. 부산 달맞이길 해월정에서 문화사학자 신정일 선생이 주도하는 우리 땅 걷기의 첫 동해 트레일 일정이 시작됐다. 당시 풍경에 붙은 시간을 되짚으며 잘 정비된 현재 해파랑길을 따라 마음을 날려 보낸다.

길이 없어 기어오르고, 내려가고, 건너고 했던 해안을 따라 바다와 육지의 경계선은 끊임없이 들끓었다. 차가운 새벽에 나서서 걷다가 아침을 맞고, 길도 보이지 않는 어둠 속에서 잘 곳을 찾으며 물집 잡힌 발을 별 도리 없이 걷게 했던 일이 근래 일처럼 또렷이 떠오른다. 몇 년의 시간 동안 길은 걷기에 편하고 안전하게 변했으나 광대한 동쪽 바다에서 가지는 감성과 감동은 누구나 비슷할 것이다. 그 때는 이랬다.

용광로처럼 하늘을 달구면서 뜨는 태양이 수직으로 빛줄기를 던지던 일출, 땅과 바다의 모든 형체에 오롯하던 빛을 거두어 주위를 사위게 하던 일몰. 두서없이 어깨를 나란히 하고 있던 배들의 부대낌은 오히려 삶의 향기가 되던

해파랑길을 걷다.

포구. 그 천연스럽게 비어 있던 바닷가 마을들은 단단한 방파제로 울타리를 두르고, 문설주 같은 등대도 세우고 널찍한 마당에 질서정연하게 배를 묶는 항구가 된다.

먹물 같은 어둠과 칠흑 같은 어둠에서 호롱불 켜지듯 배들이 나타나는 새벽. 빨간 등대와 하얀 등대 사이로 출타한 배들은 바다의 거친 야생에서 포획한 펄떡이는 물고기의 야성을 담고 항구로 돌아온다. 싱싱하고 펄펄한 것들이 항구에 쏟아지고 만선이든 빈 배든 눈앞에서 희비가 엇갈린다. 먹이사슬의 모든 절차가 고스란히 드러나는 과정이기에 어부의 삶은 역동적으로 보인다.

내 나라 동쪽의 맨 아래 끝에서 맨 위 끝까지 길은 지나가도록 내어주고 흘러가도록 열어준다. 수평선은 선명하게 띠를 두르다가 모호하게 숨기도 한다.

피상으로 흐르는 여행자의 시선은 해당화, 철책, 공룡 발자국 같은 말에 작은 동요가 일기도 한다. 모래밭에 뿌리를 내리고 소문처럼 번지던 하얀 해당화, 녹슨 철조망 가시가 둥글게 말린 철책에 한몫 보탠 한탄스러운 역사의 시간, 어쩌면 해파랑길을 따라 오르락내리락했을 공룡들.

때때로 보게 되는 풍어제에는 사람보다 갈매기가 많다. 늘 무사 안녕을 기원해야 하는 어부들은 사람의 의지 바깥에 있는 예기치 못한 일에 대한 방책으로 굿을 한다. 본 적도 없는 용왕님에게 비는 기도는 막연하지만 확신에 차 있다. 별신굿이라고도 하는 풍어제는 규모와 연출이 마을마다 다르다. 굿은 서로 위로하고 위로받는 축제이며 어부의 정갈한 의식이다.

걸음을 멈추고 집중한다. 이곳의 소리, 냄새, 빛, 바람과 하얀 포말, 포효하는 파도의 굉음과 뒤를 잇는 소음에. 나를 관통하는 순간과 찰나, 나와 닿아 있는 바람과 대기, 한 움큼의 날숨만큼 밀려나는 공기에.

테왁, 망사리, 물멀미 같은 말은 걷고 있는 길이 낯선 곳임을 느끼게 한다. 잠시 멈춰서 싱싱한 날것의 비린내와 해녀의 거친 입담에 현혹되기도 한다. 차가운 고무 통마다 반짝이는 비늘로 퍼덕거리는 물고기를 두고 흥정이 벌어진다. 땅에서 욕심을 다스리는 방법과 바다에서 욕심을 다스리는 방법이 다르다는 생각을 하며 차가운 회를 먹기도 한다.

꼼짝하지 않는 방파제에 거칠게 덤비는 파도는 모래밭에 미역이며 다시마 같은 해초를 밀어놓기도 한다. 미끈하고 묵직하고 휘장 같은 다시마와 미역이 엉겨 있으면 어김없이 마을 주민이 나타나서 챙긴다. 푸른 수평선을 마주하고 냉기 속에 웅크린 바닷가 낮은 집에서는 순하기 어려운 바닷바람 속에서도 그 바람을 믿고 생선을 말린다. 며칠 뒤 꾸덕꾸덕해지면 낱낱이 널어놓은 생선은 흐뭇한 묶음으로 엮여 한산한 포구를 지나는 겨울 여행자를 호객한다.

옛날 어느 때부터 무심하게 명명된 듯해 보이는 그 어떤 지명이라도 그것에 대한 내력을 알고 나면 길은 통로가 아니라 공간이 된다. 사람의 흥망성쇠가 겹겹이 쌓인 곳에서 영험하게 살아남은 고목나무는 경외감을 갖게 한다. 산속의 웅장한 노거수와 달리 바닷가의 고목은 높거나 크지 않으며 그 형체는 인내로 견딘 시간을 보여준다. 특히 바위에 뿌리를 내린 나무는 더욱 그렇다. 절도 있는 조각으로 펼쳐진 주상절리는 시간과 공간이 송두리째 옮겨진 듯 넋을 놓고 보게 만든다. 길목마다 지나가는 장면들이 조각조각 모여 마음 언저리가 아련하고도 슬픈 서정을 만들어준다.

심곡항, 장호항, 초곡항 등 입안에서 굴려보는 알맞게 어울리는 예쁜 이름. 여러 어촌을 지날 때마다 맑고 푸른 옥빛 물에 탄성을 뱉었다. 바다가 문지방 아래까지 들어와 앉았다. 잔잔해도 고요하게 일렁이는 바다는 거뭇한 암초를 품고 있고 바닥까지 투명하게 보였다. 눈길 닿는 곳마다 어리둥절할 정도로

해파랑길을 걸으며 고사를 지내다. 오륙도에서

아름다웠다. 인기척 드문 한적한 마을에 마음을 빼앗겨 걷는 내내 설레기도 했다. 바닷가에 산다는 것은 침묵의 밤에도 파도 소리를 늘 귀에 걸어놓고 사는 것이었다.

도루묵 엮듯이, 양미리 엮듯이 추억을 따라 기억을 엮어보았지만 군데군데 구멍이 난다. 그래도 집채만 한 파도가 돌밭을 구르던 소리며 아침노을과 저녁노을이 하늘을 덮던 붉은빛이며 까만 점이 되어 일렁이던 배들은 여전히 눈앞에 뚜렷하다.

걷는 자체가 목적이 되고 걸음마다 부드럽게 고이는 사유의 웅덩이에는 유쾌함과 벅찬 감동이 넘쳤다. 열흘 남짓한 직립 보행의 고통 끝에서 되돌아본 풍경은 희열이 되고 쾌감이 됐다.

이제 길은 효율적으로 각지에서 사람을 부르고 모아서 즐겁게 먹고 웃게 해준다. 곳곳마다 아기자기하고 흥미롭게 꾸몄다. 어느 쪽에서 시작하든 한쪽은 짙푸른 망망대해다. 북쪽에서 시작한다면 해변길, 모래길, 철책길, 철길, 사람길이 나란히 흐르는 것도 보게 되고, 남쪽에서 시작한다면 거대한 도시 마천루의 위용을 먼저 보게 된다. 14년 전 서른 명이 넘게 출발했으나 열 명 남짓만이 고성 통일전망대에서 '우리 땅 걷기' 첫 번째 동해 트레일을 마무리했다. 이후 동해길은 해파랑길로 명명되고 더욱 분주해졌다. 평생을 잊힌 옛길을 찾아 전국을 누비다가 이제는 한반도의 북쪽 땅을 걷는 게 염원이라고 하신 문화사학자 신정일 선생의 바람에 나도 같은 소망을 얹는다. 바다를 따라 걷는 해파랑길 추억에는 늘 윤슬이 흐른다.

03

서해안 길을 걸으며 변산에서 허균과 유형원을 만나다

● 정유순

목포에서 출발해 김포시 문수산성에 도착하는 서해안을 걷다 보면 변산 마실길을 만나게 된다. 변산반도의 해안도로를 따라 이어지는 제8코스다. 조개미패총길(1), 노루목상사화길(2), 적벽강노을길(3), 해넘이솔섬길(4), 모항갯벌체험길(5), 쌍계재아홉구비길(6), 곰소소금밭길(7), 청자골자연생태길(8)로 이루어진다.

우리는 남에서 북으로 올라가기 때문에 제8코스에서 제1코스로 이어지는 변산마실길을 역순으로 걷기 시작하는데, 우반동계곡으로 들어서는 순간 평등 세상을 꿈꿔왔던 《홍길동전》의 저자 교산 허균(許筠, 1569~1618)과 실사구시를 제시했던 《반계수록(磻溪隧錄)》의 저자이며 실학계의 비조(鼻祖)인 반계 유형원(柳馨遠, 1622~1673)의 숨결이 느껴진다.

허균의 본관은 양천(陽川), 호는 교산(蛟山)·성소(惺所)·백월거사(白月居士)다. 1569년 초당 허엽의 셋째 아들로 태어났다. 1589년(선조 22) 생원이 되고, 1594년 정시문과에 급제, 검열·세자시강원설서를 지냈다. 1598년 황해도도사가 됐다가 서울 기생을 끌어들였다는 탄핵을 받아 파직됐다. 뒤에 춘추관기주관·형조정랑을, 1602년 사예·사복시정을 거쳐 전적·수안군수를 역임했다.

허균은 주자학(성리학)의 허구성을 비판했고 예학이 중심이 된 왜곡된 학문을 개혁하고 민중을 위한 실용적 학문으로 조선 사회의 변화를 추구했다. 문학적으로도 일정한 시문의 형식에 얽매이지 않고 자유로운 표현을 사용했다. 또한 불교에도 심취했다. 허균은 시문(詩文)에 뛰어난 천재 시인인 허난설헌(許蘭雪軒)의 동생으로 소설 《홍길동전》은 사회의 모순을 비판한 조선시대 대표적 걸작이다. 작품으로 《교산시화(蛟山詩話)》, 《성소부부고(惺所覆瓿藁)》 등이 있다.

비가 와야 물이 떨어진다는 60미터 높이의 선계폭포는 하늘을 향해 곧게 뻗은 모습이 물소리의 위용을 짐작게 한다. 허균은 공주목사에서 파직된 후 전라도 함열에서 유배 생활을 했다. 그 후 부안으로 내려와 시와 가무에서 황

서해안 길을 걸으며 부안 우반동에서 유형원을 만나다. 반계서당

진이와 쌍벽을 이뤘던 서녀 출신 이매창(李梅窓)과 교유했고, 선계폭포의 깎아지른 듯한 벼랑 위에 위치한 정사암(靜思菴)에 머물며《홍길동전》을 썼다고 전한다.

부조리한 세상을 한탄하며 새로운 세상을 꿈꾸던 허균에게 이매창은 사상과 우정을 나누며 새로운 세상을 꿈꾸었던 동지가 아닌가 하는 생각을 해본다. 아울러 이매창의 이상향을《홍길동전》을 통해 표출했을지도 모른다. 정사암이 위치한 우반동 일대가《홍길동전》에서 묘사한 지형과 지명이 비슷하게 나오는 것도 그렇고, 도적의 은거지인 굴바위와 율도국으로 전해오는 위도(蝟島)가 부안 땅이라 그런 생각을 더 깊게 한다.

허균은 신분의 한계로 인해 불운한 삶을 살던 서자와도 교류했다. 또한 요즈음 같으면 지탄받을 일이지만, 기생과 정신적 교감을 나눌 정도로 당시로서는 파격적인 생활을 했다. 절친했던 이매창이 죽자 "신묘한 글귀는 비단을 펼쳐놓은 듯(妙句堪擒錦)/ 청아한 노래는 가는 바람 멈추어라(淸歌解駐雲)/ 복숭아를 딴 죄로 인간에 귀양 왔고(偸桃來下界)/ 선약을 훔쳤던가 이승을 떠나다니(竊藥去人群)…"라며 그녀의 죽음을 애도하는 시를 짓기도 했다.

우동제(저수지)를 지나 대불사 앞으로 숲을 이룬 신우대 댓잎이 부딪히는 소리를 따라 조금 가파르게 올라가니 굴바위가 시원한 바람을 내뿜는다. 굴바위는 남옥녀봉의 남사면 중턱에 있는 깊은 동굴이다. 오래전 굴바위에는 '참샘'이라 불리던 샘이 있었다. 복지깨(밥그릇 뚜껑의 방언)로 참샘의 약수를 마시면 모든 병이 낫는다고 했고, 특히 한센병에 효험이 있었다고 한다. 그러다 일제강점기 당시 줄포에 사는 일본인이 복지깨를 가져가 버린 후 참샘의 약효도 사라졌다고 한다.

허균의 호는 교산이다. 교(蛟)는 용이 되지 못한 이무기를 말한다. 허균의 호인 교산은 그가 태어난 강릉의 사천진해수욕장 앞에 있는 야트막한 산 이름인데, 산의 형상이 꾸불꾸불해서 붙여진 이름이었다. 허균은 서자와도 교류하면서 《홍길동전》과 같은 꿈을 꾸었는지 모르지만 끝내 용이 되지 못한 이무기로 끝나고 만 것은 아닌지 모르겠다. 허균은 1610년(광해군 2) 진주부사로 명나라에 가서 한국 최초의 천주교 신도가 됐다고 하며, 천주교 12단(端)을 얻어왔다고도 한다.

이곳 우반동에서 허균 말고도 빼놓을 수 없는 인물이 있는데, 바로 반계 유형원이다. 유형원은 원래 서울 정릉에서 태어났다. 그의 할아버지는 정랑을 지냈고 아버지는 검열을 지냈으나 그가 두 살 때 아버지는 죽고 북인 계열인 할아버지는 인조반정이 일어나자 몰락했다. 15세에 병자호란을 만나 가족과 함께 원주로 피난을 떠났다가 피난 생활이 끝나자 그의 할아버지는 정계와 발을 끊고 부안으로 낙향했다.

반계는 전국을 돌아다니며 농민의 현실을 몸소 보고 겪은 후 1653년(효종 4)에 조부가 터를 닦아놓은 이곳으로 낙향, 우반동 송대 밑 대숲에 자리한 집에서 집안 대대로 내려오던 만 권의 책에 묻혀 평생 야인으로 지내며 학문에 전념했다. 이후 정묘호란과 병자호란으로 파탄 난 나라를 보며 학문과 현실에 관심을 두었다. 여러 번 과거 시험을 보기도 했고 진사까지는 따냈지만 막상 관직에는 뜻이 없어서 평생 자신을 수양하는 위기학문(爲己學問) 연구에만 힘을 썼다.

당색으로는 북인에 가까웠지만 당대 기준으로는 거물급 인사와 연줄이 있었다. 유형원의 스승이자 외삼촌 이원진과 고모부인 김세렴은 벼슬길에 올라 각각 호조판서와 병조참의까지 지냈고 유형원의 스승 허목도 벼슬길에 오른 후 우의정에 올랐다. 유형원의 스승과 지인들은 지속적으로 관직에 천거했지만 그는 계속 사양했다. 본인이 벼슬길에 오를 수도 있었지만 스스로 거부하고 재야에 파묻혀 살았던 것이다.

조부가 사망한 뒤 32세가 되던 1653년(효종 4) 조상의 땅인 전라도 부안현 우반동에 집을 짓고 칩거하며 학문 연구와 후학 양성에 전념한다. 1656년(효종 7)에는 《동국여지지(東國輿地志)》라는 지리책을 집필했고, 가끔 한양이나 영남 지방 유랑도 하며 전국의 토지 문제에 대해 생각했다. 1652년(효종 3)부터 1670년(현종 11)까지 무려 19년에 걸쳐 《반계수록》을 완성하고 3년이 지나 1673년(현종 14)에 향년 52세로 사망했다.

《반계수록》은 유형원이 일생 동안 재야의 사림으로 학문에 전념하면서 내놓은 필생의 역작이었으나, 벼슬길을 마다했기 때문에 절친한 동료들이 《반계수록》의 내용에 관심을 보이기는 했으나 그 내용이 실현되지는 않았다. 그러나 《반계수록》에 담긴 그의 개혁 사상은 특히 후대 실학자에게 큰 영향을 미쳤으며, 균전론(均田論)과 경자유전(耕者有田)은 토지개혁의 핵심 원칙으로 영조와 정조 대에 들어와 높이 평가받아 수원 화성 축성에 밑거름이 됐다.

우반동계곡과 반계서당을 둘러보고 발걸음은 다음 행선지인 서해안을 따라 북으로 옮기는데, 《홍길동전》을 통해 새로운 평등 세상을 꿈꿔왔던 허균의 이상향이 이곳 우반동계곡에서 때를 기다리고, 《반계수록》에 명시된 실사구시를 통해 농촌을 부(富)하게 하고 민생을 넉넉하게 할 그의 여러 가지 주장은 뒷날 많은 실학자에게 큰 영향을 주었으며, 그 열매는 이곳에서 영글어 익을 날만 기다린다.

04

'우리 땅 걷기'와 함께한 봄날의 한강 걷기: 검룡소에서 영춘까지

● 김연해

흐르지 않고야 어찌 물이라 이를 수 있으랴. 어떤 이는 낮은 곳으로 임하는 물의 생리를 칭송하며 본받아야 할 미덕이라 하고, 어떤 이는 '상선약수(上善若水)'라는 말로 전인(全人)의 경지를 요약하며, 또 어떤 이는 고인물의 비유를 들어 나태와 안주를 질타하기도 한다. 한 시인은 '강 같은 세월'을 내세워 유장한 삶의 흐름을 노래하고, 어떤 시인은 '저문 강에 삽을 씻'으며 고단한 삶을 위로하고 내일에 대한 희망을 노래한다. 또 어떤 이는 '저 혼자 깊어지는 강물에 누워' 잃어버린 생명력의 회복을 기원하기도 한다. 이처럼 강은 우리 생명의 모태이고 우리 삶에 끊임없이 동력을 전달해주는 원형이다.

6년 전인 2013년 3월부터 12월까지 사단법인 '우리 땅 걷기' 대표인 신정일 선생을 따라 여러 도반과 함께 걸었던 한강을 올해 다시 걷기로 한다. 나에게 걷기란 일상의 풍경일지라도 늘 새로운 시선과 느낌으로 새롭게 음미하며 온갖 명멸하는 생각을 단순화하고 모든 시선을 내면에 집중하게 만드는 행위다. 영원한 거라곤 아무것도 없는 산사람의 세계에서 매순간 최선을 다해 즐

소백산 자락 길의 온달산성

겁게 사는 것만이 일회적 삶의 유한성을 극복할 수 있는 유일한 방법이 아니겠는가. 한 달에 한 번 넷째 주 토요일과 일요일을 온전히 나에게 집중하며 한강을 따라 걸을 수 있다는 것은 남다른 행운임을 감사하게 생각한다.

태백의 검룡소에서 뛰쳐나온 물이 514킬로미터의 산천을 굽이굽이 적시며 흐르다 서해로 잦아드는 김포 보구곶리까지 물의 행로를 따라 걷는 장대한 여정을 3월 1일에 시작했다. 검룡소 주차장에서 발원지까지는 1.5킬로미터의 포근한 산길이다. 검룡소는 하루 2000톤가량의 지하수를 용출하고 수온은 사계절 내내 9도 정도를 유지하며 갈수기에도 물이 마르지 않는 힘찬 용솟음의 신비함을 지녔다. 20평쯤 되어 보이는 원형의 소에서 끊임없이 솟아나는 지하수가 바위계곡 사이를 휘저으며 힘차게 하강하고 있다. 물소리 또한 경쾌하고 대차다.

천지신명께 우리 대장정의 안전을 비는 고천제를 지내고 검룡소를 출발해 태백과 삼척을 지나 정선의 임계면 용산리까지, 대지에 내려 쌓이는 봄날 초입의 다사로운 햇살을 온몸으로 받으며 지치도록 걷는다. 소를 나온 물은 최초로 내를 이루는 남한강 최상류에서 이내 임계천을 받아들이고, 정선읍 남쪽에서 조양강과 합류해 동강을 이룬다. 정선의 깊은 속살을 적시며 흐른 동강이 영월에서 서강을 만나 영춘에 이르기까지가 이번 봄날의 여정이다. 아직은 차가운 기운이 온몸을 움츠러들게 하는데 강가의 버들개지는 그 보송보송한 솜털을 피워내며 한껏 부풀어 올라 있다. 이때쯤 하얀 솜털 속에 은은한 푸른빛을 간직한 버들개지는 누구보다 부지런한 봄의 전령사다.

태백과 삼척, 정선에 이르기까지 강 주변에 펼쳐져 있는 과수원은 태반이 복숭아와 사과 밭이다. 사과는 추석 전 따는 홍로는 아니고 서리 맞혀 따는 부사라 한다. 불과 20년 전만 해도 상상조차 못했던 이런 모습이 과연 축복인지 재앙인지는 잘 모르겠으나 지구온난화에서 비롯된 현상임은 틀림없겠다. 어쨌든 농부들은 벌써 전지 작업이 한창이다.

폐교된 임계초교 문래분교에 서 있는 이순신 장군 동상은 의연한 모습이지만 주변 분위기 탓인지 쓸쓸한 연민이 안면 가득 흐른다. 이 휑한 운동장도 한때는 참새 같은 아이들 웃음소리로 가득하고 가장자리마다 풀잎이 파릇파릇했을 생각을 하니 허전함이 밀려든다. 마음을 추스르고 허리를 곧추세우며 한 발 한 발 뗄 때마다 내 헐거워진 시간을 돌아본다. 더욱 겸허하게 살 것과 새해 벽두에 세운 계획에도 게을리 하지 말아야겠다는 다짐으로 쓸쓸함과 허전함을 견디며 걷는다.

물길 따라 걷는 발길은 이제 임계면 봉산리 골지천가 구미정에 이른다. 강 건너 기암절벽의 풍광이 아름다우며, 정자를 중심으로 아홉 가지 특색이 있어 구미정이라는 이름이 붙게 됐다고 한다. 강가의 널찍한 암반 위에 아무렇게나 앉아 휴식하며 틈마다 이어지는 신 선생의 국토 예찬과 이 땅을 살아간 선

한강의 발원지 검룡소

인과 질곡의 역사에 관한 열강을 듣는다. 선생의 지식의 보고는 강물만큼이나 깊고 넓고 유장하다. 그것들을 적절히 버무려 이르는 곳곳마다 맛깔나게 풀어놓는 선생의 말씀이 이번 순례길의 매력을 한층 더해준다.

강에 맞닿은 시멘트 도로와 산길을 번갈아 걸으니 발길은 어느새 초승달을 얹어놓은 아우라지 보도교에 이른다. 새로 만든 송천의 징검다리를 건너 잠시 시골 간이역인 아우라지 기차역에 들렀다. 사라지는 것들의 애잔함이 저미듯 가슴 시리다. 진즉 사라진 돌다리는 새로 만들 수 있지만, 이 간이역이 사라진다면 다시 태어나긴 어렵지 않을까. 지금은 폐역이 됐거나 겨우 명맥만 이어가는 간이역을 지나칠 때마다 지금 내 삶의 간이역은 어떤 모습으로 시간의 비바람을 버텨내고 있는지 알 수 없는 막막함에 연신 가슴을 쓸어내리게 된다.

지형지물이 줄거리를 규정한다는 소설 이론이 있다. 박경리의 소설《토지》에서 '간도'라는 배경이 소설 전체에서 차지하는 심상 지리적 인식과, 조정래의《태백산맥》에서 '지리산'이라는 장소 표상이 줄거리 전체에 공시성과 통시성을 제공하며 독자에게 역사에 대한 해석의 지평을 넓혀주고 문학적 심미기능까지 향상시킨다는 것은 누구나 경험했을 터다. 한강 전 구역에서 동강이 차지하는 위치가 또한 이에 다르지 않다.

검룡소를 나온 물줄기가 아우라지를 지나 남평까지 골지천이라는 이름으로 흐르다 나전교 아래에서 오대천을 받아들이면서 조양강이라는 이름으로 바뀐다. 이어 정선읍내를 관통하며 흐르다 병방치 아래에서 숨이 긴 물돌이를 이루면서 동강이라는 이름으로 흐른다. 이렇듯 정선의 산내들을 적시며 다양한 모습으로 흐르는 동강이 있어 한강 514킬로미터의 줄거리가 아주 다이내믹하게 전개될 수 있으며, 가파른 뼝대 밑을 굽이치는 동강이 있으므로 한강이 비로소 흐름의 역동성과 생명력과 아름다움으로 찬미될 수 있는 건 아닐까.

뱅뱅이재를 넘으면 정선을 맞이한다. 산안개에 갇힌 뱅뱅이재에는 작년에

덮인 낙엽이 아직까지 푹신한 보료를 이루고 있다. 뱅뱅이재는 귤암리에서 정선장을 보기 위해 넘던 아주 가파른 길이다. 일행보다 조금 앞서 뱅뱅이재를 내려와 귤암리를 흐르는, 아직은 시린 강물에 발을 담갔다. 그 서늘하고 짜릿한 촉감이 온몸에 희열로 번진다. 신정일 선생의 지인인 문화해설사의 배려로 나발봉 아래에 즉석 무대가 설치되고 일행을 위한 약식 〈정선아리랑〉 공연이 펼쳐진다. 서러운 듯 애잔한 듯 두 여창의 자지러지는 〈정선아리랑〉 노랫가락에 오감이 열리며 어깨가 들썩인다. 이어 걷는 귤암리에서 가수분교에 이르는 강변길은 시멘트길이긴 하지만 언제고 아름답다. 강물 또한 한적한 유장함이 부드럽고 미쁘다. 가수분교 교정에 들어서니 600년 된 느티나무가 운동장 입구에 의연히 서 있다. 그 세월의 깊이와 무게를 생각하면 아득하고 아득하여라, 바라보는 것만으로 가슴이 벅차오른다.

우쭐우쭐 솟은 봉우리들은 산자분수령(山自分水領)을 이루고, 그 사이를 헤집는 물길이 어우러지면서 강은 이제 희로애락을 지니는 유정물로 변하여 자연에 기대어 사는 인간의 삶 속으로 깊이 스며들게 된다. 동강 트레킹의 진수는 아마도 고성산성 밑에서 칠족령을 넘어 문희마을에 이르는 산길이 아닐까 싶다. 마음 같아서는 연포마을로 들어서서 하늘구름다리까지 장쾌한 능선길을 걸으며 유장한 동강의 모습을 가깝게 내려다보고, 이어 칠족령을 넘어 꿈결 같은 산길을 걸어 문희마을에 가고 싶었으나, 이번 행로는 제장마을에서 백운산 가파른 등산로를 타고 올라 바로 칠족령을 넘어 문희마을에 닿았다. 아래로 동강을 굽어보며 깎아지른 듯한 뼝대의 능선을 걷다 보면 어느 순간 오싹하는 긴장과 함께 오금이 저리기도 한다. 한 발 한 발 천길 단애의 길을 걸어 전망대에 오르니 굽이치는 국토 산하의 누드가 가슴에 와락 안겨든다. 아름답다!

이제 강을 따라 내딛는 발걸음은 동강의 어라연을 만난다. 거운분교에 이르기까지 넓은 강폭에 자리한 상대암, 중대암, 하대암 세 개의 거대한 바위섬을 강물이 휘돌아 흐르는 절경이다. 그 옛날 뗏목 뱃사공은 이곳 어라연을 무사히 지나면 그 밑에 있는 전산옥 주막에서 잠시 쉬며 안도의 술잔을 들었을 것이다. 지금 주막은 잡초더미 속에 누군가 서툴게 써놓은 표지 팻말과 터만 남아 옛날의 숱한 사연을 무언으로 전해주고 있다. 동강 상류까지는 그래도 청정 지역이란 느낌이었는데, 이곳 동강 하류부터는 강에 부유물과 물이끼가 가득하다. 인간의 마을이 가까워진 탓이리라. 그래도 풍광만은 눈 닿는 곳마다 빼어나다. 강안마다 우뚝 선 뼝대를 보면 국토와 자연에 대한 외경감이 절로 느껴진다.

물길은 전산옥 주막과 거운분교를 지나 영월의 바깥 지역에서 서강을 만나면서 남한강을 이룬다. 태백의 물이 이루는 동강이 청령포를 지나온 서강을 받아들여 유장한 남한강을 이루는 합수머리에 섰다. 평창 강물이 한반도 지형을 지나 선바위와 청령포를 거쳐 동강을 만나기까지 158킬로미터의 서강을 이곳 사람들은 '암캉'이라고 부른다. '굽이쳐 흐른다' 해서 '수캉'이라 부르는 동강보다 물 흐름이 잔잔하다고 붙인 이름이다. 영월을 일별한 강물은 단양의 영춘으로 이어지는데, 강원도를 지나 충청 땅으로 들어서는 것이다. 신 선생은 120년 전 이 땅을 다녀간 이사벨라 비숍 여사가 남한강 물길을 거슬러 올라와 영춘을 여행하고 기록한 이야기를 흥미진진하게 펼쳐놓는다.

이쯤에서 지나온 길을 돌아보고, 가야 할 길을 가늠해본다. 남한강으로 이름을 바꾼 강물은 온달동굴과 도담삼봉을 적시고 구담봉과 옥순봉을 올려다보며 흐르다 충주호에서 가쁜 숨을 멈추고 잠시 몸을 누이리라. 다시 충주댐을 나온 강물은 경기 땅 여주에서 여강이라는 이름으로 흐르다 흥원창에서 섬강과 청미천을 받아들이고 곧 양평에서 북한강을 만나 한강을 이루리라. 곳곳의 물막이 보와 숱한 교각을 비끼며 흘러온 강물은 서울의 동쪽 끝에서 왕숙

천을 맞이하고, 고양에서 임진강을 만나기까지 크고 작은 물줄기를 받아들이며 흐르다 김포시 월곶면 보구곶리에서 514킬로미터 강으로서의 생을 마감하고 서해로 스며들 것이다.

강물을 따라 걸으며 누군가를 그리워한다는 것은 지상에서 누릴 수 있는 선한 복 가운데 하나라는 생각이 문득문득 들었다. 인간으로 태어나서 다행이고, 이렇게 걸을 수 있는 건강을 허락받아 무한 감사하고, 순간순간 맞닥뜨리는 아름다운 풍광을 함께 나누고 싶은 그리움이 있다는 것은 분에 겨운 행운이다. 봄이 깊어질수록 싱그럽게 부풀어가는 나무, 화사하게 벙그는 풀꽃과 조우한다는 것 또한 산 자에게만 주어진 축복이다. 이렇게 강을 따라 걷는 봄날은 저물어간다.

한강의 하구 보구곶리에서

05

청도, 고향의 길을 걷다

● 박수자

등불처럼 붉은 주황색 감이 눈부신 청도 기행에 올랐다. 석빙고에 도착하여 무지개다리 세 개로 지붕을 장식한 석빙고를 보았다. 겨울에 얼음을 잘라 보관했다는 바닥으로 내려서서 지붕을 보자 돌끼리 이음새를 맞추어 지은 둥근 곡선의 건축물에 감탄이 절로 나왔다. 지하로 내려가자 서늘한 찬 공기가 배어나왔다. 특별한 지형이 갖는 조건을 찾아 지었다는 이곳 석빙고는 지붕이 개방된 국내 유일의 석빙고다.

바로 옆에 있는 경북기념물 제13호인 청도읍성의 주춧돌 앞에서 옛날 성벽을 쌓기가 얼마나 고된지 설명을 들었다. 우리가 흔히 전라도 욕으로 주고받는 '오살할'은 맞아 죽고, 배고파 죽고, 성 쌓다 죽고, 병들어 죽고, 얼어 죽는 민초의 생활을 대변한 말이란다. 성을 쌓다 죽어간 사람들. 순전히 자신의 완력으로 이 많은 돌을 지고 메고 했으니 죽은 이가 어디 한둘이었을까. 거대한, 최대라는 말 뒤에는 항상 비명과 피 냄새가 묻어 있다.

콩잎장아찌를 연신 반가워하며 점심을 먹어주는 도반들이 고맙다. 충청도가 고향인 남편은 장모가 보낸 콩잎 반찬을 젓가락으로 연신 들었다 놓았다 하며 말한다. “이거 소가 먹는 거 아니야?” 구수하다고 먹는 내가 신기하다며 쳐다본다. 조그만 나라에서도 문화 차이는 크다. 그중에서도 음식의 다름은 상대방에겐 곤혹스러움을 주기도 한다.

대적사로 올라가는 동네는 가로수가 온통 감나무다. 홍시도 먹고 떨어진 감도 줍고 감 농사를 갈무리하는 주민들과 이야기도 나누었다. 붉은 구기자 열매가 담을 장식하고 가을이 농익어 만개하고 있다. 절 입구로 들어서자 가벼워진 낙엽이 돌돌돌 굴러가고 발밑에서 바스락거리는 소리가 적막을 깨뜨린다. 극락전 소맷돌의 특이함이 아기자기하고 정겹다. 거북과 게가 기어가는 문양에 바다와 먼 이곳의 내력이 궁금해졌다.

후드득, 은행 터는 사람을 뒤로하고 내려오다 낙엽 속에 길게 누워 가을에 묻히는 신 소장을 따라 우리도 길게 앉거나 비스듬히 다리를 뻗어 사진을 찍었다.

운강고택 문은 닫혀 있었다. 도반들이 담 위로 올라가 대문 밑돌을 치우고야 들어갈 수 있었다. 밀양박씨 집이라니 어깨가 으쓱해진다. 뒤늦게 우리의 침입(?)을 안 청도군 해설사의 설명을 듣는다. 깨끗한 나뭇결이 그대로 드러난 마루며 네모난 기둥이 반갑다. 정갈한 부엌 살강이며 다락의 구조가 눈에 익숙하다.

만화정은 박하담이 벼슬을 사양하고 은거하며 서당을 지어 후학을 가르친 곳이다. 28개의 현판이 있고 대들보는 자연 그대로의 나무라 용틀임을 하듯 꿈틀거린다. 아래로 보이는 강물은 보기보다 꽤 깊다 한다. 이곳에 앉아 시를 짓고 서책을 읽었을 시간. 청도는 밀양박씨의 집성촌이다.

1년에 두어 번 도포를 싸서 집을 나서던 아버지가 생각난다. 종중의 일을 보고 오던 날이면 다른 날보다 더 근엄해 보이셨다. 오늘 이곳에서 보는 이 느낌이었을까.

운문사 가는 길이 낯설다. 1980년대 초 친구의 출가 길을 따라 오던 길은 버스에서 내려 꽤 먼 길을 걸어왔다. 지금은 차에서 내리자마자 고작 몇백 미터 앞에 절 문이 있다. 일연스님이 이곳에서 《삼국유사》를 썼다고 전한다. 만세루 넓은 곳에 스님들이 고춧잎을 훑고 있다. 붉은 고추와 푸른 고추를 나누고 고춧잎으로 장아찌 준비를 한다. 수십 명이 울력을 하는데도 물처럼 자연스럽고 일사불란하다.

인동초 문살무늬가 아름다운 대웅전을 돌아 마당에서 막걸리 몇 말을 먹고 자란 수령 500년도 더 된 아름드리 잘생긴 소나무를 감상하며 물 한잔을 마셨다. 돗자리를 깔고 담소를 나누는 노랑머리 외국인 세 명은 어떤 인연이 닿아 이곳에 앉아 있을까. 상추 잎을 따는 스님들을 보니 먹고사는 일은 어디에서나 중요한 듯하다. 더구나 떳떳하게 먹고사는 일은 경건한 수도라는 생각이 들었다. 어스름 깔린 운문사 저녁 길, 팽나무의 황금빛 낙엽도, 서로 기대고 쓰러진 적송도 쉬려나 보다. 꽃은 남쪽에서 오고 단풍은 북쪽으로부터 오니 세상은 이래서 공평하게 돌아가는 거지.

경상도의 추어탕, 먹어보지 않았던 사람은 그저 맹맹한 맛이라 한다. 이곳 추어탕은 미꾸라지만 사용하는 게 아니고 잡어까지 넣는다. 산초와 풋고추를 듬뿍 넣어서 먹는 맛은 별미인데, 다들 별로인 눈치다. 그러거나 말거나 나는 두 그릇이나 뚝딱했다. 2년 전 몸살을 지독히도 치르던 날 청도역 앞에 가서 추어탕만 먹고 오면 벌떡 일어날 것 같았다. 아침에 눈을 뜨자 이 생각을 주체할 수가 없어 눈곱도 안 떼고 큰 가방에 필요한 것만 쓸어 담아 터미널로 뛰어 동대구행 버스를 탔다.

동대구역으로 가서 청도행 기차를 타고 청도역에 내렸다. 추어탕 한 그릇을 먹고 두 그릇을 사왔다. 용인에서 왔다고 하니 듬뿍 많은 양을 포장해주었다. 집으로 돌아오니 저녁 7시가 됐다. 사온 국을 다시 데워 끝까지 혼자 먹으면서 몸살을 이겨냈다. 거짓말처럼 다시 씩씩한 내가 됐으니 추억은 힘이 세다. 추어탕의 힘이었을까? 뿌리에 대한 확인이었을까? 나는 누구? 정체성의 혼란에서 온 의구심이 고향의 추어탕으로 진정됐다. 때로 기억은 이렇게 질기다. 우리를 곧추세우고 토닥인다.

새벽 3시. 도량석 목탁 소리가 들리고 법고, 대종, 목어, 운판의 순서로 모든 생명을 깨운다. 장삼 자락을 여미고 오르는 스님들 그림자가 대웅전 계단을 쓸고 있다. 벗어놓은 스님들 고무신 코에 그려진 제각각 표식이 웃음을 유발한다. 염불 소리가 새벽 공기 사이로 스며들고 있다. 108배를 올리고 숙연한 몸짓에 나도 가만히 합장을 올렸다. 꼭 해내야 하는 원이 있어 열 번 넘게 합장을 했다. 스스로에게 약속을 다짐하는 의식의 합장이 아닐까?

하얀 달과 카시오페이아 별자리가 선명한 하늘에 별이 참 많다. "아제 아

청도 운문사의 아침 풍경

제 바라아제." 알아듣는 불경은 그것뿐이지만 경건한 시간에 동참함이 행복하다.

"어떻게 저 스님들처럼 살 수 있을까요?"

"아이들 키우고 살림 살고 돈 벌고, 우리 사는 것도 만만찮은 구도의 길이예요."

지인과 나누는 대화로 추위를 떨쳐내며 예불이 끝날 때까지 스님들을 지켜보았다. 잠깐 조는 스님의 뒷모습이 정겹다. 예불이 끝나고 스님들이 신발을 신고 하나둘 떠나면서 다른 이의 신발을 댓돌 위에 가깝게 놓아준다. 머무르고 떠나는 뒷모습이 아름답다.

캄캄한 도로 중앙선을 따라 40여 분을 걸었다. 북두칠성과 작아진 상현달도 숨 가쁘게 우리를 따라온다. 동네 개가 모두 다 깨어났다. 도시에 살면서 언제 도로 중앙선을 따라 걸을 기회가 있겠는가. 팔다리를 크게 흔들며 신이 난다.

산도, 소나무도 감청색이다. 숲 냄새가 쌉쌀하다. 박하사탕 같은 상큼한 공기. 나무도 산도 별이 들려주는 이야기에 귀를 기울인다. 손을 한껏 뻗으면 한 줌 별 서리를 할 것만 같다. 맑게 씻기는 듯한 서늘함 속에 교회 종소리가 울리기 시작한다.

"절에서 예불을 드렸으니 우리 이대로 교회 가서 예배 볼까요?"

"좋아요, 두루두루 섭렵해야 좋은 데 가지요."

따뜻한 방에서 두어 시간을 까무룩 잤더니 몸이 가뿐하다. 고디탕(다슬기국)으로 아침을 먹고 운문사 댐 길을 걸었다. 와~ 저 물안개, 뭉툭한 솜뭉치처럼 이쪽 봉우리와 저쪽 봉우리에 걸쳐 있다. 한가운데를 가위로 뚝 자르면 두 개의 봉우리가 떠내려가 버릴 것 같은 안개 뭉치. 간간이 대추를 따 후식으로 먹으며 시원한 아침 길을 걸었다.

감이 잘되는 곳에 대추도 잘된다고 했던가? 장연사지 삼층석탑을 찾아가는 길에 우리 모두는 붉은 대추로 마냥 신이 났다. 이미 수확한 대추밭에서 파란 잎 사이에 숨은 대추를 찾아 먹는 데 모두들 신이 났다. 주머니도 불룩하고 배도 부르고 입안엔 새콤달콤한 향내가 가득하다.

감나무 밭 한가운데 있는 장연사지 석탑은 통일신라시대의 것이다. 군데군데 돌담이 보이는데, 두 탑의 규모로 보아 절 규모도 만만치 않았으리라. 경주 감은사나 익산 정림사지 석탑 앞에 서면 어디선가 목탁 소리가 들린다. 주춧돌로 짐작할 수 있는 넓은 절터. 사라졌지만 그래서 더욱 마음으로 그릴 수 있다.

청도는 아버지의 고향이다. 청도 차산농악의 상쇠였던 아버지. 외갓집을 오갔던 천변, 내겐 추억도 그리움도 많은 곳이다. 나는 청도를 잘 안다고 생각했다. 외갓집 감나무만 보았지 이리도 감이 많았는지, 운문사 댐의 생경한 풍경과 마주했다. 안다고 믿는 것이 얼마나 어리석은가? 정말 알고 있는 것이 무엇일까?

길 위엔 이야기가 있다. 그리고 흔적이 있다. 홍시로 붉게 물든 길, 은행으로 노랗게 낙인찍히고 뱀 허물이 무늬가 된 길. 미처 굳지 않은 시멘트길을 새 한 마리가 걸었으리. 종종종 길게 이어진 발자국, 잠시 머뭇거리며 흩어진 새 발자국. 여기서 새는 날아갔겠지. 나는 지금 어떤 발자국을 남기고 있는 것일까?

06

영월 서강 변의 문화유산을 찾아가다

● 전정희(전 국회의원)

우리 땅 걷기에 동참하는 것은 오랜 소원이었다. 어디로 떠난다는 공지가 올라올 때마다 가고 싶은 마음과 갈 수 없는 상황이 엇갈리면서 아쉬움이 컸다. 그러다가 우리 땅 걷기에서 두 번째로 기행에 참가한 곳이 영월이다. 조선의 대표적 슬픈 서사를 품고 있는 곳이어서 한 번은 가보고 싶었던 터에 마침 연이 닿았다. 여행은 매번 가슴 뛰는 일이지만 단종을 만나러 떠나는 일정은 오히려 약간 숙연한 마음이 앞섰던 것 같다.

삼촌에게 왕위를 찬탈당하고 노산군으로 강봉되어 유배됐던 육지 속의 고도(孤島) 청령포는 지금도 배를 타고 건너야 하는 곳이다. 서강의 깊고 잔잔한 물줄기가 청령포를 휘돌아 흐르고 뒤로는 육육봉의 험준한 암벽이 솟아 있어서 자연이 빚어낸 절묘한 작품이지만 그 자체로 세상과 단절되어 있는 느낌이었다. '앞은 강이요 뒤는 절벽뿐이나 그 경치가 아름다워서 더 가슴아픈 단종대왕 유배지'라고 쓰여 있는, 영월군에서 세운 청령포 표지판의 글이 그 모습을 잘 표현하고 있다.

단종의 유배지 청령포

청령포에서는 불과 두 달여간 생활했으나 단종을 기억하게 하는 여러 유적과 유물이 남아 있다. 유배 생활을 하던 처소(御家) 앞에는 단종이 그곳에서 기거했음을 말해주는 '단묘재본부시유지비(端廟在本府時遺址碑)'가 있는데 앞면에 영조대왕의 친필로 음각되어 있다.

어가의 마루 위에는 〈어제시(御製詩)〉가 걸려 있는데, 그 마지막 구절이 "산이 깊어 맹수도 득실거리니 저물기 전에 사립문을 닫노라"라고 되어 있어 단종의 청령포 생활이 어떠했는지를 짐작하게 한다.

또 '관음송'과 울창하게 우거진 소나무 숲 역시 청령포 이야기에서 빼놓을 수 없다. 관음송이라는 이름은 단종의 비참한 유배 생활을 지켜보았다고 해서 볼 관(觀) 자를, 단종의 고독과 상처 입은 슬픈 소리를 들었다고 하여 소리 음(音) 자를 따서 붙인 것이라 한다. 특히 어소(御所)를 향해서 예를 갖추듯 돌담 위로 거의 누워버린 소나무의 모습도 예사롭지 않았는데, 지금도 그때의 한을 생생하게 전하고 있는 것만 같았다.

노산대는 노산군으로 격하된 단종이 자주 올라가 생각에 잠기곤 했던 장소라 해서 그렇게 불린다. 거기서 조금 더 올라가면 생이별한 채 한양에 남아 있던 정순왕후를 생각하며 쌓았다는 '돌탑'이 남아 있다. 그 돌 하나하나에 어떤 마음과 생각을 담았을지 17세 폐위 군주의 심사(心思)를 가늠하기 어려웠다.

외부인의 접근을 막기 위해 영조가 세웠다는 '금표비(禁標碑)'도 있다. 그러나 이 금표비는 단순히 접근 금지의 의미보다는 이미 단종이 떠나고 없는 그 시대에 유배지를 보존하기 위한 의도가 있지 않았을까 싶기도 하다.

실제로 단종이 영월에 유배된 기간은 4개월인데 그중 2개월은 청령포에서 보냈고, 그해 8월 홍수로 인하여 두어 달 만에 단종은 관풍헌으로 이동하게 된다. 관풍헌은 영월 객사의 동헌 건물로 지방 수령이 공사를 처리하던 건물

영월 서강변의 한반도 마을

이었는데, 단종의 거처로 사용됐다.

단종은 관풍헌에 머무는 동안 근처에 있는 자규루(子規樓)에 올라 〈자규시(子規時)〉를 읊으며 괴로움을 달랬다고 한다. 자규(子規)란 피를 토하면서 구슬피 운다고 하는 소쩍새를 가리키는 말로, 자신의 처지를 이 새에 견주어 빗댄 것이다. 원래는 1428년(세종 10) 군수 신권근에 의해 지어져 '매죽루'라 불렸으나 단종의 〈자규시〉가 너무 슬퍼 누각 이름을 매죽루에서 자규루로 바꿨다고 전해진다. 그러나 괴로움을 달랬다고 하기엔 "잠깐의 잠조차 밤마다 이룰 수 없고 깊은 한은 해마다 다하지 않네"라는 구절이 뿜어내는, 시가 주는 처절함이 가슴을 찢는다.

세조의 어명을 받들고 사약을 가지고 온 금부도사 왕방연. 돌아가는 길에 청룡포가 마주 보이는 언덕에서 비통한 자신의 심정을 노래한 "천만리 머나먼 길"로 시작하는 시비가 처연하게 청령포를 굽어보고 있다.

"시신을 거두는 자는 삼족(三族)을 멸한다"라는 어명에도 영월호장 엄흥도가 시신을 수습하여 현재의 능이 있는 곳에 암장했다. 그 사람을 기려 만들어진 것이 엄흥도 정여각이다. 서슬 퍼런 권력의 위협에도 충의를 지켰던 그는 고종 13년에 충의공 시호까지 받았으니 불굴의 충(忠)에 대한 보답을 받은 셈이다.

단종의 유배지와 장릉을 둘러보며 다시금 든 생각은 예나 지금이나 변함없는 정치의 비정함과 무서운 권력욕에 대한 것이다. 그러나 그 권력 또한 무상함을, 단종이 말없이 누워 있는 장릉을 보면서 많은 이들이 느꼈으면 한다.

07

경주 주상절리와 고흥 금강죽봉을 세상에 알려지게 하다

● 신정일(황토현문화연구소 소장, 문화재청 문화재위원, 문화사학자, 사단법인 우리 땅 걷기 이사장)

국가지질공원이자 천연기념물 경주 주상절리

"낫 놓고 기역자도 모른다." "등잔 밑이 어둡다." 오랜 세월 동안 전해오는 우리나라 속담이다. 그런데 그 말이 맞는다. 자기 옆에 보물이 있어도 그것이 보물인지를 모르고, 보석 같은 사람이 있어도 소중한 사람인지를 모르고 지나치다가 나중에야 그 진가를 너무 늦게 깨닫는 경우가 많다.

2007년 부산에서 통일전망대까지 18일 동안 걸을 때는 "민간인 출입을 금합니다"라는 표지판이 세워져 있어서, 군부대가 있어서 들어가지 못하고 7번 국도로 돌아갔다. 그 뒤 《동해 바닷가 길을 걷는다》라는 책을 펴낸 다음 문화체육관광부에 나라 안에서 제일 긴 도보 답사길을 만들자고 제안했다. 그 길이 '해파랑길'로 명명되면서 지금은 아름다운 길로 자리를 잡았다.

그 길을 '길 위의 인문학, 우리 땅 걷기'에서 다시 걷게 된 2011년 봄, 경주시 양남면 읍천항을 지나가는데, 마침 초소에 군인들이 없어서 들어갔는데, '유레카!' 놀라운 풍경이 펼쳐졌다. 읍천항과 하서항 사이 해안을 따라 약 1.5킬로미터에 이르는 주상절리 중 바다 한가운데에 한 떨기 연꽃이나 부채처럼 누워 있는 비경 중의 비경 주상절리가 눈 안에 선뜻 들어온 것이다. “그대들의 눈에 비치는 사물들이 순간마다 새롭기를, 현자란 바라보는 모든 것에 경탄하는 사람이다.” 앙드레 지드의 《지상의 양식》에 나오는 그 구절이 현실로 내 앞에 처음 나타난 것이다.

한국전쟁이 끝난 뒤 동해 바닷가의 모든 길에 철조망이 쳐지고, 그 바닷가에 군부대가 들어섰다. 그 뒤로 이곳을 지키는 군인들은 대를 이어가며 오랜 세월 주상절리를 보았을 것이다. 하지만 그들은 바다에 떠 있는 돌무더기 또는 기이한 바윗덩어리로 보았을 뿐, 그것을 나라 안에서도 손꼽히는 절경이라고 여기지 못한 것이다. 군인뿐 아니라 이 지역에 살았던 옛사람의 어떤 글에도, 전해오는 말에도 없다. 한글학회에서 펴낸 《한국지명총람》 월성군(현재 경주시) 양남면 읍천리 편에도 주상절리에 대한 언급은 하나도 없다. “본래 장

천하의 비경 경주 양남면 읍천리 주상절리

기군 양남면의 지역으로 읍천포가 되므로 읍냇가, 읍천포, 읍내포라고 했다."

놀라움에 뛰는 가슴을 가라앉힌 뒤 괴테가 《파우스트》에서 "온갖 것 보러 태어났건만, 온갖 것 보아서는 안 된다 하더라"라는 그 말을 어기고 금지된 곳을 들어가서 발견한 주상절리를 사진으로 찍어 SNS에 올렸다.

그 뒤 양남면 읍천리의 주상절리는 국가지질공원으로 지정됐고, 2012년에는 문화재청이 천연기념물 제536호로 지정했다. 그 뒤 전국의 수많은 사진작가의 사진 속에 담겼으며, 지금은 그 일대가 대처가 되어 관광객이 줄을 잇는다. 중국 구이저우성의 만봉림이나 장자제가 뒤늦게야 사람들에게 알려진 것과 같이 경주 주상절리는 해파랑길을 제안한 (사) '길 위의 인문학, 우리 땅 걷기' 덕에 알려진 명승이다.

금강죽봉을 명승으로 지정하다

옛날 로마의 시인 오비디우스가 《변신 이야기》에서 "사람의 마음은 항상 신기한 것을 향해서 움직인다"라고 한 말은 우리 인류의 표어라고 생각한다. 매일 아침 태양이 떠오르는 저 위대한 광경에 새삼스레 감동을 느끼는 사람은 아무도 없으나, 만약 여태 보지 못했던 별 조각이 하나 떨어진다면 사람들은 모두 그 유성을 보기 위해서 황급히 뛰쳐나올 것이다.

책도 그렇다. 책을 파는 행상인은 옛날 로마의 시인인 베르길리우스나 호라티우스의 작품 같은 고전을 이고 지며 짐을 무겁게 하는 어리석은 짓을 하지 않는다. 그들이 가지고 다니는 것은 새로 나온 책이다.

프랑스 작가인 볼테르는 《철학사전》에서 "사람의 마음은 항상 신기한 것을 향해서 움직인다"라고 했다. 맞는 말이다. 하지만 신기하다고 여기기만 하지 그 신기한 것을 창조적으로 이용할 생각을 하는 사람은 많지 않다. 그런데

명승으로 지정된 고흥 도화면의 주상절리

참으로 신기한 것을 신기한 것이라고 여기지 않아 뒤늦게 발견한 보석이 다도해 해상국립공원에 있다.

다도해 해상국립공원 구역인 고흥군 도화면 지죽리에 숨어 있던 보석이 만천하에 알려진 것은 2021년 6월이었다. 몇 년 전 산악회에서 올린 몇 장의 사진을 보고 신기해서 찾아갔더니, 세상에 둘도 없는 보물이 다도해를 바라보며 숨어 있었다. "구슬이 서 말이라도 꿰어야 보배"라는 말을 실감하며 문화재청에 알렸다.

그리하여 2020년 10월 문화재청에서 황권순 과장, 변지현 서기관과 문화재위원들이 직권상정으로 현장 답사를 한 뒤 2021년 5월 26일 제5차 천연기념물분과위원회 회의를 거쳐 '고흥 지죽도 금강죽봉'을 국가지정문화재 명승으로 지정, 확정 고시했다.

그렇다면 고흥 사람들은 어째서 이렇게 진귀한 보석과 같은 금강죽봉의 진가를 몰랐을까? 참으로 아름다운 명승은 아무에게나 자신의 모습을 보여주지 않기 때문이다. 그래서 누구나 접근할 수 없는 곳에 숨어 사람들이 찾아오기를 기다리다가, 그 가치를 알고 찾아오는 이들에게는 자신의 아름다움을 하나도 남김 없이 보여주는 것이다.

이 지역 사람들은 금강죽봉의 주상절리를 작은 금강산이라고 했다. 금강죽봉은 도화면 남단 지죽리에 있는 섬 지죽도(支竹島)의 태산(또는 남금산)에 있는 주상절리로, 예부터 거금도의 청석해변 쪽에서 보면 마치 바위가 왕대나무처럼 솟아 있어 그 일대를 '금강죽봉'이라고 했던 것이다.

북한에 있는 관동팔경 중 한 곳인 통천의 총석정이 남성적인 주상절리라면, 고흥의 금강죽봉은 여성적이면서도 웅장한 주상절리로 경주 양남면의 주상절리나 무등산 서석대의 주상절리와는 또 다른 아름다움을 자랑한다.

금강죽봉은 약 100미터의 깎아지른 듯한 수직 절벽이 절경을 이루며, 중생

대 백악기에 분출한 응회암에 발달한 주상절리로 해식풍화 작용을 관찰할 수 있는 중요한 곳이다. 특히 다도해의 침식 지형과 어우러지는 지질학적 특성이 두드러진다.

진안군 마령면의 수선루나 부안 개암사와 우금암, 완주의 위봉폭포, 쌍계사와 불일폭포, 여수의 향일암 등을 명승으로 지정하게 한 것 또한 오랫동안 나라 곳곳을 이 잡듯이 떠돌아다닌 문화 답사에 기인한 것이었다. "견문이 넓을수록 안목이 높다." 주자의 말은 얼마나 지당한가.

08

대한민국 국민 모두 마음속에 보물 하나 모셔두고 살자

● 신정일(황토현문화연구소 소장, 문화재청 문화재위원, 문화사학자, 사단법인 우리 땅 걷기 이사장)

역사와 문화유산을 주제로 강연하다가 청중에게 물을 때가 있다. "여러분 중에 우리나라 국보 제1호에서 제10호까지 제대로 알고 있는 분 있으면 제가 10만 원을 드리겠습니다. 손 들어보세요." 한 사람도 들지 않는다.

"국보 제1호가 무엇이지요?"

"숭례문이요." "남대문이요."

"그럼 제2호는요?"

그때부터 말이 막힌다.

"탑골공원에 있는데요."

"제3호는요? 북한산에 있었는데."

그제야 스마트폰을 꺼내어 검색한 후 여기저기서 "진흥왕 순수비요"라고 답한다.

"제4호는요?"

"고달사지 승탑이요."

제5호는 속리산 법주사 쌍사자비, 제6호는 충주 중원탑, 제7호는 천안 홍경사 갈기비, 제8호는 보령 성주사지 백월화상 보광탑비, 제9호는 부여 정림사지 오층석탑, 제10호는 남원 실상사 백장암 석탑이다. 얼마 전부터 국보나 보물의 번호를 매기지 않지만, 나라 안에서 내로라하는 국보나 보물을 알아주지 않으면 그 문화재들이 얼마나 서운해하겠는가.

한번은 이런 일이 있었다. 천안 지역을 답사할 때였다. 명당으로 알려진 어사 박문수의 묘가 있는 은석산을 답사하고 마일령으로 향했다. 이중환의 《택리지》에 여러 장에 걸쳐 실려 있는 마일령은 추풍령을 넘어온 경상도와 충청도의 길손이나 보부상이 청주와 목천을 거쳐 서울로 가기 위해 넘는 성거산 자락의 큰 고개였다. 그러나 250여 년이 흐르는 동안 마일령에서 만일재라는 이름으로 바뀌어 그 고개를 찾는 데 오랜 시간이 걸렸다. 역사가 서린 그 고개를 넘으며 버스 기사에게 다음 행선지가 홍경사라고 알려주고 물었다.

"여기서 가깝지요?"

"가깝긴 한데, 선생님 그곳이 갈빗집으로 변했는데요?"

"예? 무슨 갈빗집? 거긴 국보 제7호인 홍경사비가 있는 곳인데, 그럴 리가요."

그러면서 검색하자 봉선 홍경사 갈기비라고 나온다. 갈기비를 문화재를 잘 모르는 운전기사가 갈빗집으로 착각한 것이었다.

지금은 천안과 평택평야의 중심지에 있던 봉선홍경사(奉先弘慶寺)는 고려 현종 12년(1021)에 창건된 절이었다. 《동국여지승람》 〈직산현〉 '역원조'에 따르면, 교통의 요지였지만 갈대가 무성하여 도적이 출몰하므로 고려 현종이 승려 형극에게 명하여 절을 세우게 했다. 1016년부터 1021년까지 200여 칸을 세우고 봉선홍경사로 이름을 붙였다. 절 서쪽에 객관 80칸을 세운 뒤 한림학사 최충이 짓고 국자승 백현례가 쓴 비석을 세웠다. 하지만 세월의 흐름 속에 절이 사라진 자리에 비석만 남아서 홍경사 터라고 불리고 있으니, 조선시대의 옛길인 삼남대로였다가 지금은 국도 1번이 지나는 길에 세워진 이 비가 귀중한 국보라는 걸 아는 사람이 얼마나 될까?

"그대에게 아주 간단한 법칙을 보여주겠네. 눈앞에 엄청난 보물이 놓여 있어도 사람들은 절대로 그것을 알아보지 못하네. 왜 그런 줄 아는가? 사람들이 보물의 존재를 믿지 않기 때문이지." 파울로 코엘료의 《연금술사》에 나오는 글이다. 사람들의 삶도 대부분 마찬가지다. 자기가 살고 있는 바로 그 옆에 대단한 보물이 있는 것을 감쪽같이 모르는 채 살고 있다. 왜 그럴까? "미(美)라고 하는 보물을 끌어오려고 하는 자는 현자(賢者)의 마술이라고 하는 최고의 기술이 필요하니까요." 괴테가 《파우스트》에서 한 말처럼 최고의 교육을 받지 못했기 때문이다.

영어 단어 몇 개 더 외우고 수학 공식을 더 잘 풀어야 좋은 학교, 좋은 직장, 좋은 집에서 살 수 있다는 것이 헌법처럼 정해진 나라이니 "국보 제1호에서 제10호까지 아는 것이 무슨 의미가 있겠는가?" 하고 묻는다면 뭐라고 딱히 대답할 말은 없다. 하지만 우리 선조들이 5000년 역사 속에서 갈고닦은 솜씨와 창의성으로 만들어낸 문화재이니 후손으로서 국보 열 개쯤은 알아두는 것이 예의가 아닐까.

어떻게 하면 우리 민족의 자랑스러운 문화유산을 사랑하게 될까? 간단하다. '내 마음에 보물 갖기 운동'을 펼쳐야 한다. 그렇다면 국보나 보물은 무엇을 말함인가? 《백과사전》에는 "국보는 '나라의 보물'이라는 뜻으로, 문화재 가운데 특히 가치가 큰 문화재를 가리킨다. 문화재위원회의 심의를 거쳐 지정하고 국가의 보호를 받게 된다"라고 실려 있고, 《국어사전》에 보물은 "썩 드물고 귀한 가치가 있는 보배로운 물건, 예로부터 대대로 물려오는 귀중한 가치가 있는 문화재"라고 실려 있다.

인간 세상에 있는 보물을 그리스 철학자인 아리스토텔레스는《니코마코스 윤리학》에서 세 가지로 분류했다. "외적인 보물과 마음의 보물 그리고 육체의 보물." 바로 이 세 가지가 세상의 보물이라고 할 때 지상의 보물 하나를 '내 사랑'이라 여기고 사랑하는 운동, 얼마나 가슴 벅찬 일인가?

오래전에 국가에서 일사일산(一社一山) 운동을 벌이도록 독려했던 때가 있었다. 한 회사가 한 산을 관리하고 보존하는 형식적인 운동이었다. 하지만 당시에는 큰 반향을 불러일으킨 사회운동이었다. 그 일사일산 운동처럼 지금은 문화재 사랑과 국토를 사랑하는 운동을 펼쳐야 할 때다. '내 마음에 보물 하나 갖기 운동.' 그 보물이 국보일 수도, 보물일 수도, 아름다운 옛집이나 정자 혹은 천연기념물일 수도 있다.

예를 들어 익산 미륵사지 석탑이나 전주 전동성당 또는 왕궁리 오층석탑, 부여의 정림사지 오층석탑, 경주의 다보탑과 석가탑, 안동의 만휴정, 강릉의 경포대, 합천 영암사지 쌍사자 석등, 여주의 영릉, 안동 충효당, 대전 동춘당, 성종과 손순효의 흔적이 남아 있는 서울 경회루나 영남루, 촉석루, 광한루, 영남대로의 문경새재, 관갑천 잔도, 나라 안에서 제일 처음 개척된 하늘재, 관동대로의 대관령, 삼남대로의 갈재나 누릿재 등 수많은 문화재가 그 대상이 될 것이고, 누구나 그중 하나를 내 마음에 보물로 지정하면 될 것이다. 어디 그뿐인가. 드라마 〈이상한 변호사 우영우〉 덕분에 널리 알려진 창원의 팽나무나 부여 성흥산성의 느티나무, 화엄사의 매화나무와 홍매 등 천연기념물도 그 대상이 될 것이다.

내가 좋아하는 곳이 여러 사람의 보물이 되어 일종의 팬덤 현상이 일어난다면 그 장소에서 작은 축제를 벌여도 좋으리라. 우리나라의 보물, 내 마음 속 보물이 된 그 기적 같은 보물을 세계 속에 널리 알리기 위해 한류 스타나 1970~1980년대를 풍미했던 송창식(〈토함산〉, 〈선운사〉), 양희은(〈한계령〉),

이미자(〈흑산도 아가씨〉) 등이나 봉준호, 송강호, 김희애 같은 인기인 그리고 국내외에 널리 알려진 문화예술인에게 하나씩 보물을 갖도록 하자. 그래서 가장 좋아하는 국보나 보물, 명승 등을 '내 마음의 보물'로 지정하여 사랑하는 프로그램을 만든다면 세계 속으로 번져 나가 어쩌면 유네스코도 이 운동에 동참할 것이다.

"비록 나는 가난하지만 당신은 나의 보물입니다. 비록 나의 마음은 어둡지만 당신은 나의 빛입니다." 우수의 철학자 키르케고르의 《유혹자의 일기》에 실린 글과 같이 마음이 어둡고 쓸쓸할 때도 그 보물만 떠올리면 가슴이 훈훈해지고 생기가 돌며 문득 달려가서 보고 싶은 '내 마음의 보물'이 있다면 얼마나 좋을까?

《마태복음》 6장 21절에 다음과 같은 구절이 있다. "네 눈이 미치는 그곳에 네 보물도 있느니라." 다시 풀어서 말하면 '그대의 마음이 있는 곳에 그대의 보물이 있다'는 것이다. 그중 내가 좋아하는 대상을 내 마음속에 들여놓거나 모셔놓고 사랑하면서 그리워한다면, 그것이 바로 문화재 사랑이고 국토 사랑이 아니겠는가? 내 마음속 그 보물이 그리우면 버선발로 달려가서 얼싸안거나 지긋이 바라본다면 얼마나 행복할까?

09

우리 땅에 너무나 아름답고 좋은 길이 많다

● 조건진(전 KBS 아나운서실장)

코로나가 시작되기 수년 전 운동과 여행을 좋아하는 나에게 전화 한 통이 걸려왔다. 신입 아나운서 시절부터 오랜 인연을 맺고 있는 지인(김철수, 닉네임 바겐세일)의 전화였다. '좋은 걷는 모임이 있는데, 한번 참여해보라는 것'. 이것이 '길 위의 인문학 우리 땅 걷기'와의 인연이 시작된 동기다.

낙동강, 한강, 금강, 영산강, 한탄강을 걷고, 중국의 비경 속을 걸으며 내 인생의 새로운 경험을 시작하게 된 것이다.

우리 땅 걷기는 그냥 걷는 것이 아니고, 곳곳에 위치한 역사적인 곳에 대한 자세한 설명도 곁들인다. 우리 땅 걷기의 길잡이인 신정일 선생은 문화재청 문화재위원이며 문화사학자이고, 대한민국에 걷기 열풍을 가져온 도보 답사의 선구자다. 우연한 인연이 선연이 되듯이 소박하고 겸손한 선생을 따라다니면서 아름다운 우리 땅을 보고 배운다.

세상에는 너무나 좋은 곳이 많지만, 우리 것을 먼저 경험해보고자 하는 마음이 앞선다. 함께하는 분들은 도반이라고 일컫는데, 나도 훈훈한 도반이 되고 싶다. '걷는다는 것이 곧 살아 있다는 것'을 온몸으로 되새기며 산천을 떠돌며 잘 놀고 싶을 뿐이다.

우리 땅 걷기에서 만난 선배와 후배, 그중에서도 연배가 높은데도 항상 젊은 사람들 못지않게 우리나라의 산천을 걷는 이팔청춘 조재훈, 메버릭 김종우, 바겐세일 김철수, 와야 정유순, 전성수 님을 비롯해 언제나 모든 사람에게 여러 가지를 나누어주시는 임제식, 한차수 그리고 임영남, 이동심을 비롯한 이름을 알 수 없는 수많은 분에게 감사의 마음을 전하며 앞으로도 많은 길을 함께 걷게 되기를 바란다.

"산천을 유람하는 것은 좋은 책을 읽는 것과 같다." "인간은 걸을 수 있을 때까지만 존재한다." 이 말을 떠올리며, 갑자기 떠나온 이국의 어느 호젓한 곳에서 감히 몇 자 적는다.

통영 미륵섬의 장군봉 한려수도의 아름다운 풍경을 볼 수 있는 곳.

세상은 걸어 볼 만하다.

"산천을 유람하는 것은 좋은 책을 읽는 것과 같다.
좋은 책을 읽는 것은 산천을 유람하는 것과 같다,"
"인간은 걸을 수 있을 때까지만 존재한다"

"약보藥補보다 식보食補가 낫고, 식보보다 행보行步가 낫다"
허준의 글과 김수영 시인의
"가자, 아픈 몸이 아프지 않을 때까지 가자"를
반복하며 이 땅을 걸었던
〈길 위의 인문학 우리 땅 걷기〉
도반들의 이름을 기록합니다.

황선철, 김종우. 윤진삼, 이상훈. 도영주. 박수자, 서향숙.
권영동. 박동규. 공윤. 황안나, 이수아. 이미정, 장정애, 강영실, 신용자.
안명숙. 이정숙, 최명운, 김자혁, 배영희, 고혜경.
김준희, 장해숙, 이혜리, 신우선. 박은숙, 강남여.
우종금, 임수리, 진선화, 유숙자. 홍수례, 손지선, 민경권. 김윤호,
최만호, 고영오, 서순옥, 김종복, 하순득, 백승미, 김향선, 김현숙,
김화성, 조용식, 가선숙, 민승기, 이재팔, 서정구, 기철호,이동심.
김경자. 송장환, 송현섭, 이순실, 김영례, 문정원, 송달식, 문정미. 고문규,
왕정미, 임윤, 김영희, 홍광원, 박현규, 권기대, 전성수, 정종진, 권오성,
고진희, 박소현, 최영란, 이홍순, 문인숙, 천잔경, 주훈, 정현미, 오은영, 유혜경,
허남숙, 박철성, 박성우, 이연미, 윤유순, 송미숙, 김혜영, 임영남.
한차수, 정숙녀, 김혜경, 이준태. 조재훈. 민윤기, 정유순, 김철수.
한석희, 임제식. 조건진. 김용학, 김연해, 이춘기, 이상원, 정상권, 박경옥, 문선미,
박헌신, 최수자, 최명환, 김영익, 정임숙, 김계현, 최미란, 이경찬, 안호석, 김정주.
이완용, 손완주, 김명애, 김려경, 서신일, 조성미, 장상수, 김명희 송언수.
송하진, 조혜연. 서동성. 서명숙, 장재성. 김순복, 김화심, 김춘선, 임영혜, 이소록.
최명도, 조옥희, 박영희, 정운숙, 장봉숙, 신순희. 신연희. 전정희, 박근성,
임선숙, 손남순, 임갑영, 이환성, 김옥선, 박길란, 김혜정, 유종옥,
김홍권, 오갑철, 황미숙, 박현숙, 우동욱, 노희숙, 이정미, 나종환,
김현미, 이덕재, 이대주, 박효정. 박미옥, 채숙자. 신영선, 김경선. 정세량.
정복주. 백명주, 김옥례, 최장선, 김애경, 임희경. 김주연, 신귀백, 이동순, 김현조.
이형구. 김소형. 오원자, 문성용, 김남규, 이현록. 김유철, 최규식.

“저 모퉁이 돌아가면 어떤 아름다운 풍경이 나를 기다리고 있을까?” 하면서
걷고 또 걸어갑시다.

에필로그

길이 끝나는 곳에 새로운 길이 시작된다

오랜 시간이 흘렀습니다. 40여 년이라는 시간, 전주라는 도시에서 불꽃을 피워 온 나라로 번져간 수많은 일을 한 권의 책에 담아내는 마음은 못내 쓸쓸합니다. 그만큼 살아낸 날이 슬픔이면서도 기쁨이기 때문일 것입니다.

말조차 마음대로 할 수 없이 숨죽이고 살았던 5공화국 당시에 몇 사람의 생각이 세상에 날아오르기 시작했습니다. 그렇게 시작한 꿈이 조그마한 샘에서 비롯된 강물이 하나하나 지류를 받아들이며 넓어지고 넓어져 화엄의 바다로 들어가듯 천천히 비상하기 시작했습니다.

1986년 '당신들의 천국'이라는 카페에서 '시인과의 대화'가 시작됐고, '여름시인캠프', '여름문화마당'을 거쳐 '문학역사기행'으로 그 지평이 넓어졌습니다. '전라세시풍속보존회'를 결성하여 '전통세시풍속축제'를 진행했고, 동학농민혁명 100주년을 맞아 '김개남과 손화중 장군 추모사업회'를 만들어 덕진공원에 추모비를 건립했습니다.

그리고 수많은 일을 펼쳤는데, 그 일 중에 우리나라의 10대강을 발원지부터 하구까지 걷고 영남대로, 삼남대로, 관동대로 등 우리나라의 옛길을 걸은 것이 사단법인 '우리 땅 걷기'로 이어져 '해파랑길'이나 '소백산자락길,' '변산마실길'이 만들어지는 밑거름이 됐습니다.

운이 좋아서 그랬는지, 문화재청의 문화재위원과 산림청의 산림문화자산 심의위원이 되어서 여태껏 알려지지 않았던 명승과 아름다운 산천을 국가명승과 산림문화자산으로 선정할 수 있었던 것은 크나큰 행운이었습니다.

그러나 그 행운은 거저 다가온 것이 아니라 세상의 모든 사람들이 누구나 좋아하는 명리名利를 추구하지 않고, 좋아하는 일을 연애하듯 했기 때문에 하늘과 땅 사이에 숨어 있는 아름답고 기묘한 풍경을 보고 즐길 수 있었던 것입니다.

여한 없이 살았습니다. "시도하지 않으면 얻을 것이 없다. 행운은 용감한 자의 편이다"라는 말을 곱씹으면서 펼친 일, 한 가지 깨달은 것이 있습니다. 사

2022년 한탄강 칠만암에서 한탄강 걷기

심 없이 실천했던 일은 다 이루어졌지만 조금이라도 사심을 가지고 실천한 일은 이루어지지 않았다는 것입니다.

수많은 일을 펼쳤지만 아쉬움으로 남는 일도 더러 있습니다. 일제강점기에 일본인 농장주에 의해 군산 발산초등학교로 옮겨진 문화유산을 제자리인 완주 고산의 삼기리로 옮기지 못한 일, 1990년대 말에 '신라 문화권, 백제 문화권'처럼 전북 지방을 중심으로 만들었으면 하는 마음에서 제안했던 '완산 문화권' 제정이 무산된 일 그리고 기축옥사의 주인공 정여립 재조명이 아직도 미흡한 것입니다.

오랜 나날 전주라는 도시에서 돈키호테처럼 꿈을 꾸고 실천해왔던 문화운동이 온 나라 곳곳에서 또 다른 형태로 이어지고 있다는 것이 얼마나 다행스러운 일인지 모릅니다.

'하나의 문이 닫히면 또 하나의 문이 열린다는 것'은 만고의 진리입니다. 길 위의 인문학 '우리 땅 걷기'는 다시 앙드레 지드의 말에 귀 기울이며 다시 새로운 길을 향해 출발할 것입니다.

나타나엘이여, 나는 너에게 열정을 가르쳐주련다.
나타나엘이여, 너를 닮은 것에 머무르지 마라. 결코 머무르지 마라.
나타나엘이여, 주위의 것이 너를 닮게 되면,
또 혹은 너 자신이 주위의 것을 닮게 되면
그때부터 당장 너에게는 이로울 것이 하나도 없다.
그런 것에서 항상 떠나야 한다.
너의 집 안, 너의 방, 너의 과거보다도
너에게 더 위험한 것은 없다.

1980년대 중반 불안했던 시대에 단체를 만들었던 그 당시처럼 과거에 연연하지 않고 불확실한 미지의 세계를 향해 새롭게 출발할 것입니다. 천천히, 천천히, 시나브로.

2022년 12월 10일

낙동강 답사 2009년 낙동1차

동해 추암에서

문경 고모산성

문화유산기행에서

백두산 천지에서 차승원과 함께

산청 덕천서원에서

서울성곽을 하루만에 걷다.

완도 기행에서 이상훈, 유재훈

울릉도 저동항의 일출

전주천 길의 날 길 축제

전주 길문화축제에서

장수 연평리에서

한강 시강제 2010년

하루 기행에서

해파랑 길에서

해파랑길 통일관에서

횡성 호수 길에서

항상 꿈을 꾸게나
꿈은 공짜라네

초판 1쇄 2023년 1월 25일

지은이 우리 땅 걷기

발행인 겸 편집인 유철상
책임편집 유철상
디자인 박미영
교정·교열 유은하
마케팅 조종삼, 김소희
찍은곳 다라니
종이 월드페이퍼
제작 및 지원 재)전주문화재단

펴낸 곳 상상출판
주소 서울시 성동구 뚝섬로17가길 48, 1205호
구입·내용 문의 전화 02-963-9891 팩스 02-963-9892
홈페이지 www.esangsang.co.kr
등록 2009년 9월 22일(제305-2010-02호)

ISBN 979-11-6782-112-6(13980)

※ 가격은 뒤표지에 있습니다.